Michael Krause

Erste Hilfe beim Hund

Michael Krause

Erste Hilfe beim Hund

Notfallmaßnahmen · Erstversorgung · Tierarzttraining

Oertel+Spörer

Bildnachweis
Titelbild: Kathrin Peter
Innenteilbilder:
Dr. Gabriele Lehari: S. 12, 14, 17, 27, 28, 29, 41, 48, 57, 60, 61, 63, 67, 70, 72, 73, 82, 88, 91, 93, 102, 106.
Adobe Stock @ Bela Art
Alle anderen Fotos von Kathrin Peter

Haftungsausschluss

Bibliografische Information der Deutschen Nationalbibliothek
Die Deutsche Nationalbibliothek verzeichnet diese Publikation in der Deutschen Nationalbibliografie; detaillierte bibliografische Daten sind im Internet über http://dnb.d-nb.de abrufbar.

Postfach 16 42 · 72706 Reutlingen

DTP und Repro: raff digital gmbh, Riederich
Druck und Einband: FINIDR, s.r.o., Tschechische Republik
ISBN 978-3-96555-169-5

Wer heilt, hat Recht!

(Hippokrates)

Inhalt

Zum Geleit

Lieber Michael,

als ich gesehen habe, dass du einen Tierarzt suchst, der dich bei deiner Idee begleitet, war ich direkt Feuer und Flamme. Erste Hilfe am Hund ist so wichtig.
Die Idee, ein Buch zu schreiben, bei dem wir als Fachpersonal quasi über die Schulter des Halters gucken wollen, ist mir so noch nicht begegnet. Sich dabei von Ärzten aus der Human- als auch aus der Tiermedizin beraten zu lassen, ist dabei völlig neu.

Wenn Tierärzte Bücher schreiben, sind diese für jemanden ohne Hintergrund oft kaum zu verstehen und man müsste eigentlich ein medizinisches Wörterbuch daneben liegen haben. Was nützt ein schönes Buch, wenn der Inhalt nicht verstanden wird? Nichts.
Genauso ist es auch umgekehrt. Ein verständliches Buch, was von einem medizinischen Laien geschrieben wird, nützt wenig, wenn die Empfehlungen darin dem Hund nicht nutzen und die Situationen im schlimmsten Fall noch verschlechtern. Du hast es geschafft, einen Ratgeber zu schreiben, der gut verständlich ist und an den richtigen Stellen erklärt, ohne den Leser zu überfordern. Dabei schaust du genau hin, was du empfiehlst, und hinterfragst die gängigen Empfehlungen im Sinne des Halters.

Dein Buch wird polarisieren. Einige Fachleute werden sagen, dass du nicht genau genug arbeitest. Dabei verlierst du einfach nur den Halter nicht aus dem Blick und gibst ihm Werkzeug an die Hand, mit dem er auch arbeiten kann, ohne dass er überfordert wird. Du schaffst den Spagat zwischen Fachwissen, nützlicher und umsetzbarer Erster Hilfe und erkennst dabei an, dass es eben das ist: Erste Hilfe. Möge dein Buch mehr Menschen zu Helden machen!

Liebe Grüße aus Sri Lanka
Dr. Monika Zimmermann

Hinweis für Lesbarkeit

*Für eine bessere Lesbarkeit wird auf die gleichzeitige Verwendung der Sprachformen männlich, weiblich und divers (m/w/d) sowie *innen oder /innen in diesem Buch verzichtet. Sämtliche Personenbezeichnungen gelten gleichermaßen für alle Geschlechter.*

Einführung

Brauchen wir noch ein Buch über Erste Hilfe?
Wenn es nach meiner Meinung geht, ist die Antwort ein klares Ja!
Während meiner Ausbildung zum Tierpsychologen für Hunde ging es nicht nur um das Training von Hunden selbst. Wir mussten viele Dinge lernen, die mit dem Training nichts zu tun haben. Unter anderem auch Dinge wie Rechtskunde, Pflege rund um den Hund und eben auch Erste Hilfe.
Was mir dabei begegnet ist, hat mich teilweise wirklich entsetzt. Manchmal waren die Angaben völlig veraltet oder inhaltlich falsch. Ich hatte häufig das Gefühl, dass viele Dinge einfach weitergegeben worden sind, ohne dass mit Tierärzten Rücksprache gehalten wurde.

So wird in manchen Quellen behauptet, dass bei einer Entzündung eine lokale Betäubung sinnvoll und üblich sei. Grundsätzlich werden Mittel zur lokalen Betäubung bei entzündlichen Prozessen aber nicht verwendet, weil sie nicht bzw. nicht gut wirken können.
Ebenso habe ich den Hinweis gefunden, dass durch manuelle Kompression eine Beatmung stattfindet. Bei der manuellen Kompression wird aber so wenig Luft bewegt, dass kein frischer Sauerstoff in der Lunge ankommen kann, was zur Folge hat, dass der Hund stirbt.
Bedauerlicherweise bereinigt sich das Wissen um Erste Hilfe beim Hund im Internet nicht von allein, was bei der Ersten Hilfe für Menschen anders ist. So findet man zum Beispiel bei einem Film auf YouTube noch die Empfehlung, dem Hund bei der Reanimation auf den Brustkorb zu schlagen, was völlig veraltet und nicht zu empfehlen ist. Dazu später mehr beim Thema Reanimation.
Dies waren nur einige Beispiele für Unstimmigkeiten oder einfach falsche Angaben, die ich in Büchern oder im Internet gefunden habe.

Ich habe viel gelesen und was mir dabei immer wieder auffiel, ist, dass viele Laien Themen falsch wiedergeben oder Fachpersonal sich so ausdrückt, dass es von Laien nicht verstanden wird. Häufig werden die Themen unter laborartigen Bedingungen dargestellt und ein Bezug zur Praxis fehlt völlig.
Gestört hat mich auch immer, dass ich das Gefühl hatte, die Bücher werden künstlich aufgebläht. So werden dann beispielsweise beim Thema Vergiftungen viele Bilder von Pflanzen gezeigt, die man sich schlussendlich auch nicht merken wird, weil man schließlich kein Botaniker ist.

Was ich bei vielen Büchern nicht so gut finde, sind die Quellenangaben. Wenn man etwas weiterlesen möchte, muss man sich dann oft andere Bücher oder Fachliteratur besorgen, was Zeit und Geld kostet. Daher habe ich bei meinem Buch im Anhang vor allem seriöse, empfehlenswerte Informationsquellen aus dem Internet aufgelistet. Die kann man einfach in eine Browserzeile eingeben und direkt loslegen.

An wenigen Stellen werde ich von aktuellen Handlungsempfehlungen abweichen, damit jeder Hundehalter in der Lage ist, seinem Hund schnellstmöglich die Hilfe zukommen zu lassen, die er benötigt.
Und schließlich habe ich meine langjährigen beruflichen Erfahrungen und mein Wissen im Bereich Hundeausbildung und Hundepsychologie in dieses Buch mit einfließen lassen, um den Lesern möglichst klar verständlich und gut umsetzbar alles Wichtige zum Thema „Erste Hilfe beim Hund" zu vermitteln.

In eigener Sache

Berechtigterweise kann man sich jetzt fragen: „Der Michael ist ja Hundetrainer, warum glaubt der, sich so weit aus dem Fenster lehnen zu können?"
Ich bin Hundetrainer geworden, weil nach dem Tod von meinem eigenen Hund „Schmitz" es nicht mehr in mein Leben gepasst hat, weiterhin einen eigenen Hund zu haben. Jetzt wird vielleicht auch deutlich, warum meine Hundeschule „Schmitzeinander" heißt.
Als Schmitz gestorben war, hatte sich einiges in meinem Leben verändert, sowohl persönlich als auch beruflich. Und da ich nun als Pflegekraft in der Anästhesie mehrfach im Monat 24 Stunden am Stück im Krankenhaus verbringen muss, blieb leider keine Zeit mehr für einen neuen Hund.

Nach meiner Ausbildung zur Pflegefachkraft bin ich für vier Jahre zur Bundeswehr gegangen und habe dort für den zentralen Sanitätsdienst junge Soldaten in Erster Hilfe ausgebildet und bin Rettungswagen gefahren.
Nach meiner Zeit bei der Bundeswehr bin ich wieder zurückgegangen in die Pflege, habe meine Ausbildungsberechtigung für Pflegekräfte gemacht und eine Weiterbildung, um ambulante und stationäre Pflegeeinrichtungen leiten zu dürfen.
Nachdem ich einige Jahre als Leitungskraft gearbeitet hatte, habe ich diese Tätigkeit aufgegeben und als Pflegefachkraft in der Anästhesiepflege begonnen, was ich auch heute noch mit großer Begeisterung mache.
Neben der Versorgung von Patienten vor, während und nach Operationen und deren Komplikationen habe ich auch auf einer interdisziplinären Intensivstation gearbeitet und war im Notfallteam für Wiederbelebungen tätig.
„Notfall" kann ich also!
Sicherlich kann man jetzt sagen, dass Hunde doch keine Menschen sind. Vieles in der Behandlung von Tieren ist tatsächlich anders als bei Menschen und doch wird vieles aus der Humanmedizin in die Veterinärmedizin übergeleitet.
Besonders am Herzen hat mir gelegen, dass ich alles, was ich hier geschrieben habe, noch einmal habe überprüfen lassen. Erfahrene Fachleute aus Veterinär- und Humanmedizin sowie eine Trainerkollegin haben mich dabei unterstützt, hier keinen Quatsch zu erzählen.

Der Autor mit seinem Hund Schmitz

Was unterscheidet dieses Buch von anderen?

Wie ich es oben schon angedeutet habe, bin ich der Meinung, dass es gefährlich ist, wenn Laien sich zu medizinischen Themen äußern. Fachleute kann man kaum verstehen und vieles, was geraten wird, ist einfach nicht praktikabel. Dazu gehört beispielsweise die Empfehlung, den Hund in der stabilen Seitenlage auf der rechten Seite zu lagern.
Wenn der Hund auf die rechte Seite fällt, dann ist das schön und gut, allerdings ist die Bewusstlosigkeit absolut lebensbedrohlich und ein Umlagern von der linken auf die rechte Seite würde dem Hund mehr schaden als nutzen.

Anders als es bei den Profis der Fall ist, gerät ein Hundehalter in stärksten Stress, wenn es zu einem Notfall kommt, was zur Folge hat, dass das logische Denken aussetzt, die Hände stark zittern und ein strukturiertes Vorgehen nicht mehr möglich ist. Auch darauf wird später noch mal eingegangen.

Wer dieses Buch durchgelesen hat, sollte in der Lage sein, die jeweils beschriebenen Situationen zu erkennen und entsprechend zu handeln.
Leider muss ich die Leser an dieser Stelle bereits das erste Mal desillusionieren. Jede Handlung ist nur so gut wie die Erfahrung des Durchführenden, daher ist auch bei Themen rund um die Erste Hilfe das praktische Training die Grundlage für den Erfolg – wie das bei jedem anderen Training auch der Fall ist.

In einem Notfall ist der Hundehalter einem enormen Stress ausgesetzt.

Ich erkläre im Buch auch, wie man bestimmte Tätigkeiten ausführt oder sie trainiert und wie man den Hund auf einen Tierarztbesuch vorbereitet. Das sind allerdings immer nur Vorschläge. Denn jeder Hund und jedes Training sind individuell.
Besonders Hunde mit Ängsten benötigen häufig eine professionelle Begleitung durch einen Hundetrainer oder eine ähnliche Fachkraft. Es ist zwingend notwendig, für jeden Hund das Training so zurechtzuschneidern, dass es ihn fordert und gleichzeitig fördert. Maßnahmen mit der Gießkanne über alle Hunde drüber zu schütten, führt in den meisten Fällen zu Frust und Misserfolg.

Generell arbeite ich immer mit positiver Verstärkung, wenn es darum geht, dem Hund etwas Neues beizubringen. Die Übungen beginnen ganz leicht und werden dann allmählich immer schwerer. Ich achte sehr darauf,

Fragen?

Wer Fragen zu der praktischen Umsetzung hat, darf sich gerne an mich wenden. Und ich bin auch für Fragen und Anmerkungen offen, wenn jemand etwas nicht verstanden hat oder eine andere Meinung zu einem Thema hat. Sie als Leser lade ich ein mitzuwirken. So lässt sich gemeinsam die Erstversorgung verbessern und dafür sorgen, dass mehr Hunde besser aus Notfällen herauskommen als bisher.

dass der Hund den Spaß nicht verliert und er nicht überfordert ist. Wenn der Hund verstanden hat, was ich von ihm möchte, ist es nicht selbstverständlich, dass er dieses Verhalten immer zeigt. Jede Übung muss von Zeit zu Zeit wieder aufgefrischt werden.
Der Einfachheit halber spreche ich immer vom Leckerchen als Belohnung, in dem Bewusstsein, dass jeder Hund selbst entscheidet, was er als Belohnung empfindet und der Mensch die richtige Art der Belohnung auswählen kann.

Die Bilder in diesem Buch sind oft aus echten Trainingssituationen entstanden. Daher sind sie vielleicht nicht immer in perfekter „Studio-Qualität“. Dafür sind sie „echt“ und nicht mit einem Hund aufgenommen, der bereits trainiert ist.

Über jedes einzelne Thema des Buches könnte man sicherlich wiederum ein eigenes Buch schreiben. Dennoch habe ich sowohl die theoretischen Hintergründe als auch die praktische Umsetzung zum Thema Erste Hilfe übersichtlich aufgelistet und hoffentlich für alle Leser klar verständlich beschrieben. Viele Tipps und Tricks, basierend auf meiner eigenen Erfahrung, fließen da natürlich mit ein. Aber nur der Hundehalter weiß, wie er die Übungen bei seinem eigenen Vierbeiner am besten umsetzen kann.

Was bedeutet Erste Hilfe?

Grundsätzlich kann man sagen, dass der Ersthelfer für lebensrettende und gesundheitserhaltende Sofortmaßnahmen sorgt, die einfach erlernt werden und bei medizinischen Notfällen, etwa bei Bewusstlosigkeit oder Blutungen, angewendet werden können.
Aber was sind nun lebensrettende und gesundheitserhaltende Maßnahmen?
Grundsätzlich möchte ich dem zukünftigen Ersthelfer das Know-how an die Hand geben, damit er in der Lage ist, Situationen zu erkennen, die Leben oder Gesundheit gefährden. Von allen Maßnahmen ist das das Wichtigste. Es bedarf also einer gewissen fachlichen Qualifizierung. Das ist erstmal unabhängig vom Training bestimmter Handlungsabläufe.
Wer die Situation erkennt, kann sie schon im Vorfeld vermeiden oder beispielsweise den Notruf absetzen. Die Situation und den Hilfebedarf zu erkennen, dass ist der Grundstein.

Erste Hilfe ist immer angebracht, wenn wir vermuten, dass der Hund einen körperlichen Schaden erlitten hat. Aber es ist nicht nur das. Es geht auch um die psychische Gesundheit.
Wenn unser Hund eine Auseinandersetzung mit einem anderen Hund hatte, er geknickt und mit eingezogener Rute bei uns Schutz sucht, ist das Schutzbieten schon Erste Hilfe, indem wir dafür sorgen, dass der andere Hund ihn nicht wieder angeht.

Leider kann sich der Hund in einem Notfall nicht selbst verarzten, daher ist er auf unsere Hilfe angewiesen.

Ein Beispiel aus dem Alltag

Mein eigener Hund hat immer gerne in der prallen Sonne auf den heißen Steinen gelegen. Mit seinem dunkel gestromten Fell, aber auch generell bei allen anderen Hunden, ist das nicht ungefährlich. Damit meine ich nicht den Sonnenbrand, den er bekommen kann, sondern einen Sonnenstich, der mit lebensbedrohlicher Bewusstlosigkeit einhergehen kann. Ich habe ihn dann also immer wieder in den Schatten geschickt, ihm Wasser angeboten und (was am wichtigsten ist) gut beobachtet.

Wir schauen uns an, ob er vielleicht einen Schaden bei der Auseinandersetzung bekommen hat. Das ist Erste Hilfe. Wenn wir ihm dann gut zusprechen und ihn trösten, ist das auch Erste Hilfe.

Wann ist Erste Hilfe sinnvoll?

Die Frage, wann Erste Hilfe sinnvoll ist, stellt sich nicht. Erste Hilfe ist immer sinnvoll, wenn wir Schaden, egal welcher Art, von unserem Hund abwenden wollen. Sich klarzumachen, dass eine Situation zu Schaden führen kann, und sie bewusst zu beobachten, ist die erste Maßnahme. Damit erübrigt sich auch die Frage, wann man Maßnahmen durchführen soll. Das machen wir bereits durch die Beobachtung. Sie ist die erste und wichtigste Maßnahme.

Erste Hilfe macht immer Sinn und es gibt keine Situation, in der wir nichts tun können. Der Sinn von Erster Hilfe ist es, Schaden von Leben und Gesundheit abzuwenden. Daraus ergibt sich, dass wir keine Erste Hilfe leisten, wenn wir dabei selbst in Gefahr geraten bzw. leisten wir keine Erste Hilfe am Hund selbst, bis Gefahren für uns gebannt sind. Wenn mein Hund auf der Straße angefahren wird, muss erst der Verkehr zum Stehen gebracht werden, bevor ich ihm zu Hilfe kommen kann. Ich kann aber dafür sorgen, dass die Straße gesperrt wird.
Erste Hilfe macht erst dann keinen Sinn mehr, wenn die Verletzungen so schwer sind, dass sie mit dem Leben nicht vereinbar sind.

Ich habe es als sinnvoll empfunden, dass Buch so aufzubauen, wie es in der Definition auch geschrieben steht. Wir kümmern uns also zuerst um die Dinge, die das Leben akut bedrohen. Auch wenn die Medien uns Notfälle immer besonders spektakulär verkaufen, passieren doch die meisten Dinge im normalen Umfeld, ganz ohne Großschadensereignis.

Leben ist lebensgefährlich!

Besonders wichtig war mir, nicht nur zu erklären: „Okay, das hier ist die Lage ... Mach das und das." Dafür sind solche Situationen einfach zu unterschiedlich und die Erfahrung zeigt: Was das Leben für einen bereithält, kann man sich nicht ausdenken.

Im Folgenden wird anhand von Beispielen aufgeführt, in welchen Situationen eine Erste Hilfe sinnvoll ist. Wie die Maßnahmen richtig ausgeführt werden, wird dann im praktischen Teil dieses Buches ausführlich erklärt.

In Notfällen behandeln wir oft keine Ursachen, sondern deren Symptome.

- Der Hund bricht vor unseren Augen im Spiel zusammen und ist bewusstlos. Das Wissen über die stabile Seitenlage und der Atemwegssicherung lässt uns sicher handeln, ohne dass wir die Ursache an sich genauer kennen müssen.
- Plötzlich fängt der Hund an zu krampfen. Soll ich ihn festhalten, damit er sich nicht verletzt?
- Der Hund springt von einem Baum und kommt falsch auf, dabei bricht er sich das Bein – oder schlimmer – er spießt sich selbst mit einem alten, trockenen Ast auf. Dann kommen schlagartig viele Fragen. Wie bekomme ich den Hund aus dem Wald? Soll ich den Ast aus der Wunde ziehen? Muss ich das versorgen? Was mache ich, damit der Hund nicht so viel Blut verliert und wenn doch, was dann?
- Der Hund hat sich am Zaun eine blutende Wunde zugezogen hat? Wann muss ich einen Druckverband machen und kann man das überhaupt überall am Hund?
- Der Hund war in einer Auseinandersetzung und dabei ist ein Tropfen Blut geflossen. Oder er ist in eine Scherbe getreten und blutet deutlich. Das Blut spritzt aus der Wunde heraus. Mit dem Wissen über Blutungen schaffen wir es, sämtliche Blutungssituationen zu meistern, wir müssen unser Werkzeug vielleicht nur etwas anders ansetzen.
- Beim Knochenbruch des Hundes, der vom Baum gesprungen ist, schaut der Knochen hervor und steht unnatürlich ab. Verknüpfen wir das Wissen über Knochenbrüche und Pfählungsverletzungen (das sind Verletzungen, bei denen etwas von außen in den Körper eingedrungen und dort stecken geblieben ist), können wir unseren Hund optimal versorgen.

- Eine Biene hat den Hund gestochen. Muss ich damit sofort zum Tierarzt? Wie erkenne ich die Dringlichkeit?
- Warum steht mein Hund vor mir und schmatzt die ganze Zeit? Bei Vergiftungen ist es wichtig, die Symptome kennenzulernen, wobei es dabei keine Rolle spielt, mit was sich der Hund vergiftet hat. Wie komplex das mit der Dosis ist, mache ich am Beispiel von Schokolade deutlich. Aber es wird auch darauf hingewiesen, mit welchen giftigen Substanzen der Hund sonst im Alltag in Verbindung kommen kann.

Wichtig!

Bei der Ersten Hilfe geht es in erster Linie um das Erkennen einer Situation.

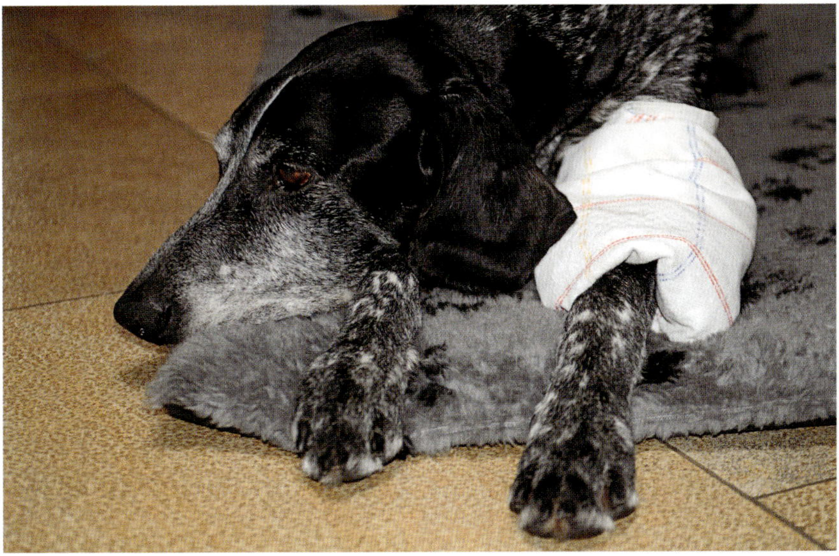

Bei einem Insektenstich an den Beinen kann ein Cold Pack für Linderung sorgen.

Was noch zur Ersten Hilfe gehört

Erste Hilfe ist aber noch viel mehr als das Erkennen von Situationen und die Behandlung von Symptomen.
Wir überlegen genau, wie wir uns organisieren können, damit in Stresssituationen sichergestellt ist, dass wir uns nicht im Stress verlieren. Dazu gehört, dass man um seine Ansprechpartner und deren Erreichbarkeit weiß. In diesem Buch findet man Tipps aus der Praxis für die Praxis und wir schauen den Profis mal über die Schulter, was sie machen, wenn sie in besonderen Stresssituationen sind.

Oft geht mit Notfallsituationen auch eine gewisse Gefahr einher. Daher ist die **Sicherung der Situation**, um mich und den Hund vor Gefährdungen zu schützen, auch Bestandteil der Ersten Hilfe. Ein Hauptaugenmerk legen wir dabei auf den Maulkorb. Nicht nur weil er uns schützt, sondern auch weil er im Leben des Hundes eine echte Rolle spielt, sowohl bei der Ersten Hilfe, beim Tierarztbesuch als auch im öffentlichen Personennahverkehr und anderen Bereichen.

Wenn es um Situationen geht, in denen keine akute Gefahr für das Leben droht, muss man sich erstmal ein ausführliches Bild vom Zustand des Hundes machen und die **Vitalzeichen**, zu denen Atmung, Kreislauf und Bewusstsein gehören, einschätzen. Dafür muss man aber wissen, wie es dem Hund geht, wenn er gesund ist (siehe Kapitel „Vitalzeichen“ Seite 21 ff.). Nur dann können wir das auch differenzieren.

Besteht keine akute Lebensgefahr, sollten die Vitalzeichen zunächst überprüft werden.

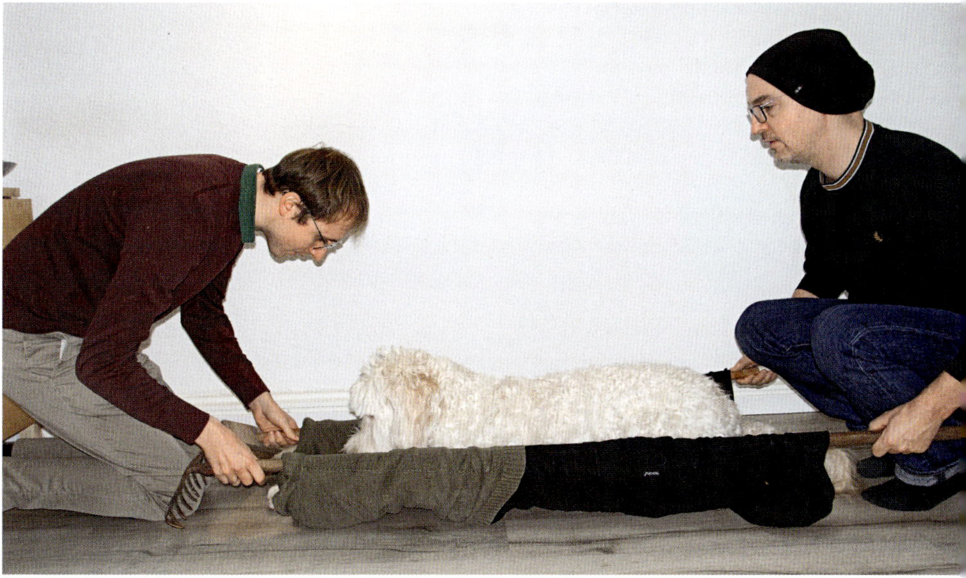

Der richtige Transport des Hundes gehört auch zur Ersten Hilfe.

Auch bei den zeitlich unkritischen Themen (die, die das Leben nicht akut bedrohen), beginnt die Erste Hilfe immer mit dem Bewusstsein, dass Gefahr drohen kann. Wir beschäftigen uns damit, was man bei Durchfall und Erbrechen machen kann, wie man mit Zecken umgeht und wie man offene Wunden versorgt – und zwar immer nah an der Lebensrealität des Halters.

Es ist wichtig, in möglichen Gefahrsituationen die Lage richtig einzuschätzen. Ich selbst habe auch schon vergessen, die potenziell giftige Schokolade wegzuräumen und der Hund hat sie gefressen. Weil ich selbst ein gewisses Know-how habe, war ich in der Lage zu unterscheiden, ob mein Hund akut gefährdet ist oder nicht. Auch wenn der Hund plötzlich lahmt, muss man keine besonderen Maßnahmen ergreifen. Der Hund nimmt dann selbst eine Schonhaltung ein und der Ersthelfer kümmert sich um den Transport.

Am Ende des Buches gehe ich noch auf das **Tierarzttraining** ein. Denn für mich ist Erste Hilfe am Hund mehr als nur die Versorgung vor Ort. Dem Hund geht es schon schlecht, warum soll er jetzt noch zusätzlich Angst bekommen, wenn wir mit ihm in die Tierarztpraxis gehen? Also machen wir aus der Praxis einen kleinen Wohlfühlort für den Hund.

Es werden passende Übungen vorgestellt, die dem Hund helfen, gut durch einen Tierarztbesuch zu kommen. Auch das richtige Eingeben von Medikamenten wird beschrieben.

Das Thema **Reanimation** bekommt im Buch ein extra Kapitel. In den Erste-Hilfe-Kursen, die ich kenne, wird nie realitätsnah darüber gesprochen, wie eine Reanimation abläuft, und es wird der Anschein erweckt, dass der Hund im nächsten Moment aufsteht und wieder mit seinen Kumpels spielt. In der Realität ist das aber anders und es wird dargelegt, wie eine fachgerechte Reanimation durch einen Laien aussieht und welche Chancen zum Überleben ein Hund dadurch hat.

Die Situationen in denen Erste Hilfe geleistet werden soll, sind so vielfältig wie die Sterne am Himmel. Viele Verletzungen und Erkrankungen können lebensbedrohlich sein und der Halter muss dann entscheiden, welche Symptome er zuerst behandeln muss:
„Treat first, what kills first“ (Behandle zuerst, was zuerst tötet). Um das ein wenig zu verdeutlichen, habe ich hier ein kleines Fallbeispiel. Im Laufe des Buches erklärt sich der hier dargestellte Verlauf.

Fallbeispiel

Frau Halter geht mit ihrem Hund Bello die nächtliche Pipirunde, bevor man zu Bett geht. Hinter dem Haus ist ein großer Gemeinschaftsgarten und daher nimmt sie nur den Schlüssel und die Leine mit. Als sie im Garten ankommt, trifft sie die Nachbarin und deren Hund, die man gut kennt.
Die Hunde spielen wunderbare Laufspiele, als sich der Hund von Frau Halter verschätzt und im vollen Lauf gegen einen Baum kracht. Der Hund bleibt sofort regungslos liegen und blutet wegen einer Platzwunde am Kopf. Was ist jetzt zu tun?

- *Bewusstlosigkeit prüfen → Der Hund ist bewusstlos.*
- *Lagerung des Hundes mit erhöhtem Becken*
- *Kurze Orientierung und planen der weiteren Maßnahmen*
- *Nachbarin bitten, den mobilen Tierarzt zu alarmieren (die Telefonnummer geben Sie ihr mit) und aus ihrem Auto einen Erste-Hilfe-Kasten zu holen*
- *Den Hund nicht allein lassen und konsequente Kontrolle der Vitalzeichen*
- *Versorgung der Kopfplatzwunde*
- *Wärmeerhalt*
- *Übergabe an den Tiermediziner*

Die Vitalzeichen

Als Vitalzeichen bezeichnet man die von außen wahrnehmbaren Lebensfunktionen eines Hundes. Hierzu zählen die Atmung, die Herztätigkeit, das Bewusstsein, die Körpertemperatur und die kapillare Füllzeit.
Bevor man bei einem Hund im Notfall irgendwelche Erste-Hilfe-Maßnahmen anwendet, muss man wissen, ob bzw. wie schlecht es dem Hund geht. Um dies beurteilen zu können, muss man die Vitalzeichen des Vierbeiners überprüfen und wissen, wie die Vitalzeichen bei einem gesunden Hund sind.
Die Angaben dazu, was normal ist, unterscheiden sich teilweise sehr und sind abhängig von der Größe, dem Alter und anderen Faktoren. Daher macht es Sinn, sich seinen eigenen Hund gut anzuschauen und zu beobachten. Wenn der Hund dann ganz in Ruhe in seinem Körbchen oder mit uns zusammen auf der Couch liegt, können wir die Vitalzeichen ermitteln.

Wichtig!

Vitalzeichen werden in der Regel eine Minute lang durchgezählt. In lebensbedrohlichen Lagen verzichten wir aber vollständig darauf, denn dann können 15 Sekunden oder mehr bereits mit erheblichen Schäden einhergehen.

Die Atmung

Dass wir atmen müssen, um frischen Sauerstoff zu bekommen, ist wohl jedem klar. Damit das Ganze aber auch reibungslos funktioniert, muss die Luft von außen bis an die Lungenbläschen gelangen. Der Hund muss also tief genug einatmen. Atmet er zu wenig Luft ein, findet kein Gasaustausch in den Lungenbläschen statt. Die Lungenbläschen müssen den Sauerstoff aufnehmen können. Sammelt sich beispielsweise Wasser in der Lunge, weil das Herz krank ist, ist das erschwert.
Schlussendlich muss in der Lunge auch genug Blut sein, um den Sauerstoff von den Lungenbläschen zu den Organen zu transportieren.
Ist die Atmung gestört, wird der Hund versuchen, das auszugleichen. Er atmet dann deutlich tiefer, schneller oder beides und muss sich unter Umständen sehr dabei anstrengen. Diese Anstrengung kann man sehen.

Normal sind etwa 10 bis 30 Atemzüge pro Minute und in Ruhe, je nach Größe des Hundes.

Beobachten Sie Ihren Hund mal über eine längere Zeit in aller Ruhe.
Wie oft atmet er? Wie sieht er dabei aus? Welche Muskulatur sieht man arbeiten? Ist die Atmung geräuschlos?

Wichtig!

Hecheln hat mit Atmung, also genauer mit Gasaustausch, nichts zu tun. Die Luft wird dabei nur unzureichend hin und her bewegt. Das Hecheln dient dem Hund dazu, sich herunterzukühlen.

Die Herztätigkeit

Wie bei der Atmung auch müssen ein paar Dinge erfüllt sein, damit das Herz gut schlagen kann.
Der Herzschlag ist nicht steuerbar. Er wird vom eigenen Reizweiterleitungssystem gesteuert. Ist das gestört, kann es sein, dass das Herz nicht mehr rhythmisch schlägt, was zur Folge hat, dass nicht genügend Blut gepumpt wird.
Das Herz ist ein großer Muskel, der viel Sauerstoff benötigt. Darum hat es große Blutgefäße, die es mit ausreichend Sauerstoff versorgen. Sind diese Gefäße mit den Jahren enger geworden, kann das Herz seine Leistung nicht entfalten.

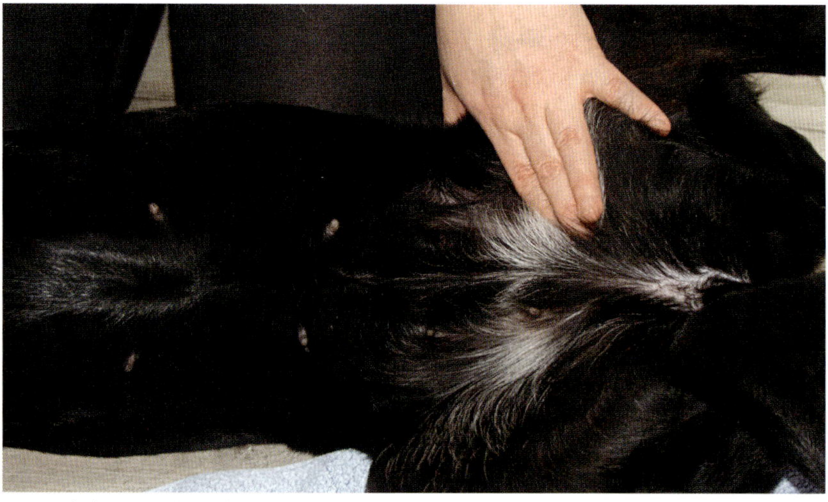

Der Puls lässt sich in der Leiste fühlen.

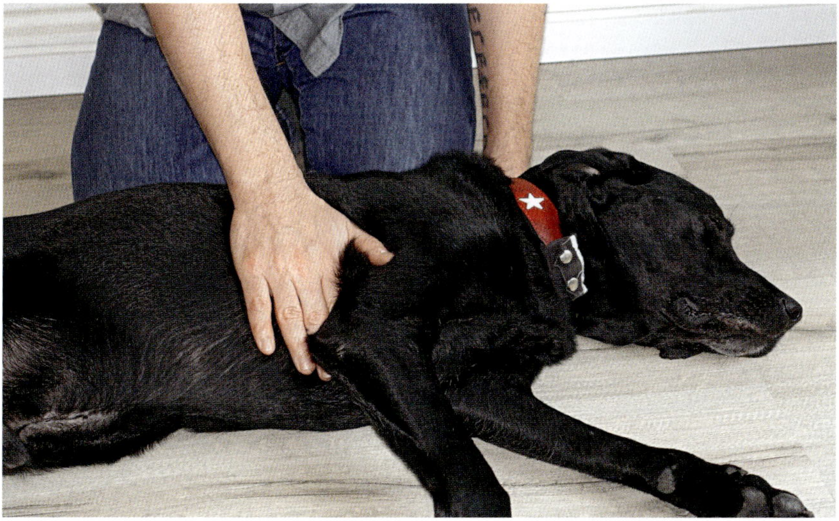

So lässt sich direkt der Herzschlag ertasten.

Den Puls ertastet man einfach in der Leiste des Hundes. Dafür braucht man schon mal etwas Übung. Lassen Sie sich also nicht so schnell entmutigen, wenn Sie nicht gleich den Puls spüren können. Legen Sie zwei Finger auf und üben dabei leichten Druck aus. Dann ertastest man einen festen Strang, das ist die Arterie.

Einfacher ist es aber, den Herzschlag zu ertasten. Dafür legt man einfach die Hand auf den Brustkorb, und zwar genau hinter den Vorderbeinen.

Wie ist die Qualität? Ist der Puls gut tastbar? Fühlt er sich kräftig oder „labbrig" an? Schlägt der Puls schön regelmäßig oder gibt es vielleicht Aussetzer? Bei großen Hunden kann es zu atemabhängigen Unregelmäßigkeiten kommen. Das ist normal. Der Tierarzt erklärt es einem gerne beim nächsten Besuch.

Normal sind etwa 70 bis 100 Schläge pro Minute bei großen und 100 bis 130 bei kleinen Rassen.

Oben wurde erwähnt, dass es Sinn macht, Vitalzeichen in aller Ruhe zu ermitteln. Man kann die Vitalzeichen natürlich auch mal nach körperlicher Aktivität des Hundes messen, indem man den Puls fühlt und versucht festzustellen, wie er sich dann verändert und ob er schneller und kräftiger wird.

Das Bewusstsein

Über das Bewusstsein kann man sehr viel in der Literatur nachlesen. Hier geht es aber besonders darum, ob der Hund auf unser Handeln so reagiert, wie wir es erwarten. Erfolgt eine Reaktion prompt, wenn wir ihn rufen? Benimmt er sich normal oder verwirrt? Taumelt er umher?
Fehlt das Bewusstsein, ist das ein absolut lebensbedrohlicher Zustand. Die Schutzreflexe, wie Husten, funktionieren nicht mehr. Erbrochenes kann in die Lunge laufen und die Zunge kann den Atemweg verlegen. Der Hund muss nun konsequent und jede Sekunde beobachtet werden.
Hier weiche ich jetzt von der Leitlinie ab. In der Medizin gibt es sogenannte Leitlinien, das sind Handlungsempfehlungen medizinischer Fachgesellschaften und unterstützen medizinisches Personal bei der Behandlung von Patienten. Das ist für Ärzte und Pflegepersonal sehr gut. Ich erlebe aber immer wieder, dass Laien damit überfordert sind.

Man kann als Laie ohne berufliche Vorkenntnisse die Bewusstlosigkeit und den Umgang damit nicht üben. Das einzuschätzen ist etwas für Profis.
Stellen Sie sich einmal die Situation vor, dass der Hund vielleicht gerade stirbt. Hat man dann noch die Ruhe, über die ein Tierarzt aufgrund seiner Erfahrung verfügt? Wohl eher nicht.
Daher meine Empfehlung: Wenn man vermutet, dass der Hund bewusstlos ist, sollte man ihn sofort ansprechen. Wenn er nicht reagiert, fasst man ihn an, und wenn er dann auch nicht reagiert, kneift man ihn fest in die Leiste oder verursacht einen anderen Schmerzreiz (siehe auch Seite 29). Ja, das ist auf eine Art gemein. Ja, das tut weh – deswegen nennt es sich Schmerzreiz.
Ich möchte aber damit erreichen, dass der Halter den „inneren Schalter" umlegt, weil er sich absolut sicher ist, dass jetzt die Zeit zum Handeln gekommen ist. Die Erkenntnis darüber, dass der Hund nun in akuter Gefahr schwebt, soll es dem Halter leichter machen, ins Handeln zu kommen und den Gedanken von „Oh nein, was ist da los?" in ein „Auf geht's" umzuformen. Der Halter muss sich nur merken: Reagiert der Hund nicht auf den Schmerzreiz, kommt er sofort in die stabile Seitenlage.

Mir ist dabei bewusst, dass der Schmerzreiz in der Humanmedizin nicht empfohlen ist. In der Humanmedizin würde ich ihn auch nicht empfehlen. Die Zähne von einem Hund sind aber auch „etwas" gefährlicher als die des Menschen. Wir gehen bei der Kontrolle der Atmung sehr nah an die Schnauze und es muss unbedingt vermieden werden, dass der Halter ins Gesicht gebissen wird, nur weil er nicht fest genug gerüttelt hat und der Hund gar nicht bewusstlos war.

Ist im Ernstfall der Hund gar nicht bewusstlos, könnte so eine Situation für den Menschen gefährlich werden.

Die Körpertemperatur

Die Körpertemperatur liegt beim Hund etwas höher als beim Menschen, und zwar etwa zwischen 38,0 und 39,0 °C. Bei Welpen kann es auch etwas höher sein (39,5 °C).
Wichtig zu wissen ist, dass eine Körpertemperatur ab 41 °C für den Hund lebensbedrohlich ist. Die Körpertemperatur kann nach unten abweichen, wenn der Hund beispielsweise eine Vergiftung hat. Auch wenn der Hund allgemein in schlechtem Zustand ist oder Welpen nicht gewärmt werden, kann die Temperatur nach unten absinken.

Die erhöhte Körpertemperatur ist keine Krankheit an sich, sondern das Symptom einer Krankheit. Mit der erhöhten Körpertemperatur versucht der Körper, Erreger abzutöten. Oder die Steuerung der Körpertemperatur ist gestört, wie zum Beispiel bei einem Hitzschlag.

Die Temperatur wird am besten mit einem digitalen Fieberthermometer gemessen, welches einige Zentimeter weit (an die Größe des Hundes angepasst und vor allem weit genug) in den After des Hundes eingeführt wird. Dabei macht es Sinn, die Thermometerspitze mit etwas Gleitmittel (zum Beispiel Vaseline oder auch Speiseöl) zu bestreichen. Das Thermometer wird erst wieder entfernt, wenn das Signal ertönt, welches besagt, dass nun die Temperatur abgelesen werden kann.

Kapillare Füllzeit

Mit der kapillaren Füllzeit beschreiben wir die Zeit, die das Blut benötigt, um in die Kapillaren (kleinste Blutgefäße) zurückzufließen, nachdem wir es mit dem Druck des Daumens oder des Fingers herausgedrückt haben. Diese Zeit sollte ein bis zwei Sekunden nicht überschreiten.

Wenn es dem Hund schlecht geht, zentralisiert sich der Kreislauf. Das bedeutet, dass nur noch lebenswichtige Organe mit Blut und Sauerstoff versorgt werden. Im Umkehrschluss bedeutet das, dass die Durchblutung in entfernten Bereichen abnimmt. Damit können wir also eine Aussage über die Kreislaufsituation unseres Hundes treffen. Haben wir eine kurze kapillare Füllzeit, ist der Blutdruck gut und dem Hund steht genug Flüssigkeit im Kreislauf zur Verfügung.
Dabei sollte man auch auf die Farbe der Schleimhäute achten. Ist sie blasser als sonst, könnte dem Hund beispielsweise zu wenig Blut zur Verfügung stehen. Ist sie deutlich gerötet, könnte es auf einen Hitzschlag hinweisen.

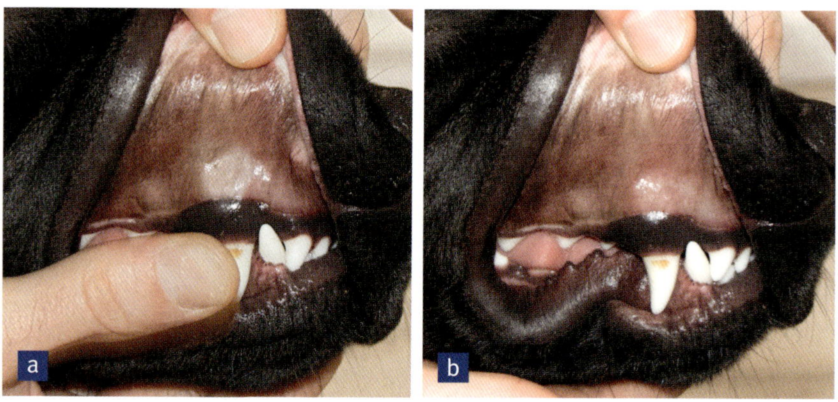

Zum Messen drückt man mit dem Finger fest auf das Zahnfleisch. Dadurch wird das Blut aus den feinen Blutgefäßen herausgedrückt. Nimmt man nun den Finger vom Zahnfleisch, erscheint dieses an der Stelle, an der man gedrückt hat, weiß (a). Dann zählt man die Zeit, bis sich das Zahnfleisch wieder vollständig gefüllt hat, und erhält so die kapillare Füllzeit (b).

Notfallversorgung

In diesem Kapitel werden die verschiedenen Maßnahmen zur Ersten Hilfe in der Reihenfolge ihrer Wichtigkeit aufgeführt. Zunächst werden die lebensbedrohlichen und zeitkritischen Themen behandelt, bei denen eine richtige und schnelle Hilfe lebensrettend sein kann. Später werden dann die Maßnahmen beschrieben, die zwar in verschiedenen Situationen zur Erste Hilfe gehören, man aber in aller Ruhe durchführen kann, da sie für den Hund nicht lebensbedrohlich sind.

Zu den Basismaßnahmen gehört immer das Warmhalten des Hundes.

Basismaßnahmen

Grundlegend kann man jetzt schon sagen, dass es **Basismaßnahmen** gibt, die wir in der Notfallversorgung immer durchführen.

- **Ruhe bewahren!**
Wenn ein Hund in akuter Gefahr ist, spürt er das auch. Daher sollte der Mensch ruhig und souverän handeln, um dem Vierbeiner Sicherheit zu geben und Trost zu spenden.

- **Warmhalten!**
In einem Notfall, egal welcher Art, verliert ein Hund in der Regel an Körperwärme. Somit muss man ihn warmhalten. Hierfür deckt man ihn am besten mit einer (Rettungs-)Decke oder einer Jacke zu!

- **Beobachten!**
Jetzt sollte man den Hund kontinuierlich beobachten, denn sein Zustand kann sich von einer Sekunde auf die andere verändern und dann gilt es, schnell zu reagieren.

Bewusstlosigkeit

Die Bewusstlosigkeit ist ein absolut lebensbedrohlicher Zustand!

Wird ein Hund – aus welchem Grund auch immer – bewusstlos, ist die stabile Seitenlange die erste und wichtigste Maßnahme.
Die stabile Seitenlage dient bei Bewusstlosigkeit dazu, die Atemwege freizumachen und den Hund davor zu schützen, dass er sein eigenes Erbrochenes einatmet.

Ist der Hund wirklich bewusstlos, können die Schutzreflexe aussetzen. Das bedeutet, dass der Hund nicht mehr in der Lage ist zu husten, wenn Fremdkörper drohen, in die Lunge zu gelangen.
Alle Muskeln haben eine gewisse Grundanspannung, die bei Bewusstlosigkeit abnimmt. Das führt dazu, dass der Zungengrund (das ist der hintere Teil der Zunge) erschlafft, nach hinten rutscht und dadurch den Atemweg verlegt.

Wenn ein Hund unterwegs plötzlich zusammenbricht, sollte man wissen, was zu tun ist.

Man liest immer wieder, dass der Hund in der stabilen Seitenlage auf die rechte Seite gelagert werden soll. Grundsätzlich ist es nicht verkehrt, aber es ist auch nicht immer sinnvoll. Bricht der Hund bewusstlos zusammen, lagert man ihn einfach auf der Seite, auf die er fällt. Ein weiteres Umlagern in der Bewusstlosigkeit führt eher zu weiteren Schäden, als einen Nutzen zu haben.
Die einzige Ausnahme, die man sich merken kann: Besteht der Verdacht auf eine Lungenverletzung, dreht man den Hund auf die verletzte Seite, damit die gesunde Seite ihre Arbeit ohne zusätzliche Belastung ausführen kann!

Bei der Seitenlage sollte der Kopf möglichst weit nach hinten gestreckt werden, um die Atemwege frei zu halten.

Wie stelle ich fest, ob mein Hund bewusstlos ist oder nicht?

In der Regel gibt es zu dem Verdacht auf Bewusstlosigkeit immer einen bestimmten Zusammenhang, also eine besondere Situation, in der etwas passiert. Das bedeutet beispielsweise, der Hund bricht beim Spielen plötzlich und unerwartet zusammen.
In diesem Fall sollte man ihn zunächst deutlich mit seinem Namen ansprechen. Reagiert er nicht, fasst man ihn beispielsweise an der Hüfte an und rüttelt ihn fest (an der Hüfte sind die Hände weit weg vom Maul, sodass man etwas weniger Gefahr läuft, gebissen zu werden, falls der Hund panikartig reagiert).
Wenn der Hund darauf auch nicht reagiert, setzt man ihm einen Schmerzreiz zu, indem man ihn zum Beispiel fest in die Leiste kneift (wie oben bei Vitalzeichen beschrieben).

Der Schmerzreiz ist zwar im Grunde eine veraltete Methode, die nicht mehr empfohlen wird. Ich möchte aber, dass man in der Lage ist, innerhalb von einer Sekunde sicher entscheiden zu können, ob der Hund bewusstlos ist oder nicht.

Bricht der eigene Hund auf einmal zusammen, ist der Halter in einer extremen Stresssituation, wie er sie nur selten im Leben erlebt. Das logische Denken setzt größtenteils aus, er ist nicht mehr in der Lage Handlungsketten abzuarbeiten und seine Wahrnehmung ist massiv eingeschränkt.
Einem Tierarzt würde ich nicht zum Schmerzreiz raten, denn er ist routiniert und geübt und geht daher ganz anders an die Situation heran. Einem Hundehalter rate ich aber dazu, damit er in einer Stresssituation eine sichere Aussage treffen kannst. Ein Unbeteiligter kann dagegen mit so einer Situation viel ruhiger umgehen und die notwendigen Maßnahmen ergreifen.

Hier nochmal in Kürze:

Ansprechen → stark rütteln → Schmerzreiz

In dieser Situation sollte man nicht zimperlich mit dem Hund umgehen. Jede Sekunde zählt, denn der Hund schwebt in Lebensgefahr.

Wenn der Hund bewusstlos ist, überprüft man seine Atmung und seinen Kreislauf. Dafür sollte man nicht mehr als 10 Sekunden aufwenden. Passiert in den 10 Sekunden nichts, beginnt man (wenn man es möchte) mit der Reanimation, wie sie später beschrieben wird. Der Hund wird sich melden, wenn er nicht reanimiert werden muss! Damit ist gemeint, wenn er nicht richtig bewusstlos ist und nicht in Lebensgefahr schwebt, wird er aufspringen oder zumindest irgendwie auf die Reanimationsmaßnahmen reagieren.

Bei der Überprüfung von Atmung und Kreislauf kniet man sich dich hinter den Hund und überstreckt seinen Kopf (schiebt ihn also in den Nacken), was nötig ist, um den Zungengrund zu strecken und den Atemweg frei zu machen. Dabei schaut man ihm ins Maul, um zu erkennen, ob eventuell Erbrochenes die Atemwege blockiert. Sollte das der Fall sein, muss man dieses mit den Fingern entfernen.

Die freie Hand ruht nun auf dem Brustkorb direkt hinter dem Vorderbein. Dabei fühlen wir einmal nach der Atmung und können gleichzeitig den Herzspitzenstoß fühlen. Außerdem unterstützt es den visuellen Eindruck von der Atmung, den wir uns verschaffen, indem wir der Länge nach über den Hund hinwegschauen.
Wenn die Maulhöhle frei ist, zieht man mit den Fingern die Zunge heraus und legt sie in dem Maulwinkel zur Seite, um das Freimachen der Atemwege noch zu unterstützen.

So kann die Überprüfung von Atmung und Kreislauf erfolgen.

Ein Tipp aus der Praxis für die Praxis: Es bietet sich an, dabei die Zunge mit dem Ärmel des Pullovers oder der Jacke zu greifen, da sie feucht und rutschig ist und daher mit den bloßen Fingern nur schlecht festgehalten werden kann.

Wenn der Hund nun atmet, achten wir darauf, dass das Maul der tiefste Punkt des Körpers ist. Das können wir etwas unterstützen, indem wir dem Hund beispielsweise eine gefaltete Decke unter den Po oder das Becken schieben. Dadurch kommt das Becken etwas in die Höhe und Erbrochenes kann aus dem Maul herausfließen, statt in die Lunge hineinzulaufen.
Allein ist es eine riesige Herausforderung, den Notruf abzusetzen, den Transport zu organisieren, Erste-Hilfe-Maßnahmen durchzuführen und den Hund dabei noch ständig zu beobachten. Wenn man die Möglichkeit hat, sollte man Menschen in der Umgebung direkt ansprechen und ihnen genau sagen, was sie tun sollen.

Wichtig!

Die Bewusstlosigkeit ist ein absolut lebensbedrohlicher Zustand für den Hund und ab sofort darf er möglichst keine Sekunde mehr aus den Augen gelassen werden. In dem Moment, in dem der Hund lebensbedrohlich gefährdet ist, kann man nicht genug Menschen um sich herum haben.

Transport des verletzten Hundes

Ist ein Hund bewusstlos oder schwer verletzt, sodass er nicht selbst laufen kann, ist ein Transport unerlässlich. Der Transport eines verletzten Hundes, vor allem wenn es sich um einen größeren und schwereren Hund handelt, stellt eine besondere Herausforderung dar.
Anders als beim Menschen gibt es für den professionellen Transport des verletzten Hundes kaum Strukturen und Ressourcen. Und selbst, wenn diese vorhanden sind, macht es trotzdem häufig keinen Sinn, darauf zurückzugreifen. Besonders zeitkritische Notfälle haben oft nicht die Zeit, auf ein Transportmittel zu warten.

Eine zusätzliche Herausforderung ist, dass durch den Transport dem Hund nicht noch weiterer Schaden zugefügt wird, der Mensch seinen Eigenschutz beachtet und er zusätzlich den Hund immer gut unter Beobachtung haben muss. Der Mensch ist also mit vielen, teils komplexen Dingen gleichzeitig beschäftigt.
Wichtig sind hier schon einmal die Schlagworte 10 für 10 (Näheres siehe Seite 85), um Maßnahmen zu organisieren und zu priorisieren, Maulkorb zum Eigenschutz, ggf. ständige Beobachtung der Vitalzeichen und der Lagerung und Wärmeerhalt des Hundes.

Bis zum Transport muss der Hund beruhigt und warmgehalten werden.

Der Wärmeerhalt ist eine völlig unterschätzte und oft vernachlässigte Maßnahme der Ersten Hilfe. Die Prozesse im Körper funktionieren nur optimal innerhalb enger Grenzen. Sinkt die Körpertemperatur, hat das zum Beispiel Auswirkungen auf die Blutgerinnung. Ist der Körper unterkühlt, werden Blutungen verstärkt.
Fangen die Hunde durch die Kälte an zu zittern, steigen der Energiebedarf und die Herzfrequenz zusätzlich an.
Um sich vor Kälte zu schützen, werden die Blutgefäße eng gestellt, was am Ende dann dazu führt, dass das Herz zusätzlich belastet wird. Es muss mehr Arbeit leisten, um das vorhandene Volumen durch die nun verengten Gefäße zu pumpen.

Der Hund muss gut zugedeckt werden. Hierbei ist zu beachten, dass er vollständig zugedeckt wird, denn über den Kopf geht viel Wärme verloren.
Wenn er im Auto transportiert wird, sollte man die Heizung höherstellen, als man es normalweise tun würde, damit er noch mehr vor Auskühlung geschützt wird.

Wie bekomme ich den Hund zum Tierarzt?

Bei kleinen Hunden ist es relativ einfach. Man kann einen Wäschekorb oder einen anderen Tragekorb umfunktionieren und den Hund einfach im Korb transportieren. Auch bei mittelgroßen Hunden kann das noch eine Option sein. Schwierig wird es bei den großen Hunden oder wenn kein geeignetes Material zum Transport zur Verfügung steht.

Dann ist Kreativität gefragt. Es gab schon einen Landwirt, der einen verletzten Hund auf einer ausgehängten Tür zum Tierarzt gebracht hat. Vielleicht hat man aber auch einen Bollerwagen in der Garage stehen. Für kurze Strecken kann man einen Hund auch einfach auf eine Decke legen und darin tragen. Bei größeren Hunden sind hierfür aber zwei Personen erforderlich.

Große und schwere Hunde kann man aber ohne passende Hilfsmittel kaum über eine größere Strecke transportieren, besonders wenn der Hund die Körperspannung verloren hat.
Für diesen Fall kann ich zwei Möglichkeiten empfehlen, die eigentlich aus dem Bereich meiner militärischen Ersten Hilfe stammen. Das ist zum einen der Tragering, der aus einem Dreiecktuch oder einem anderen langen Gegenstand geformt wird, und zum anderen die Behelfstrage.

Kleine Hunde kann man gut in einem Körbchen transportieren.

Der Tragering

Der Tragering ist auch bei großen Hunden gut anzuwenden, denn normalerweise werden damit erwachsene Personen transportiert. Das Anfertigen eines Tragerings wird durch die folgenden Bilder dargestellt.

Hierzu muss erst wieder eine Krawatte hergestellt werden, wie es beim Druckverband (siehe Seite 46) beschrieben wird.

Eine Krawatte herstellen wie beim Druckverband

Langes Ende einmal um die Hand wickeln

Ring von Hand abziehen, wickeln und verknoten

Nacheinander beide Enden um den entstandenen Ring wickeln

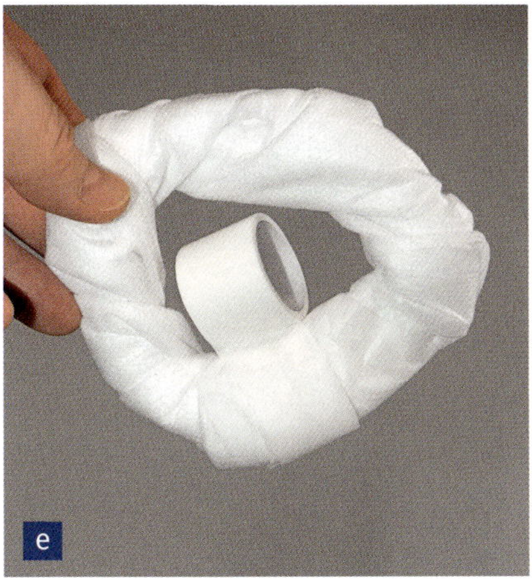

Enden mit Pflasterrolle fixieren, nicht verknoten

Stabilität vor Verwendung am Patienten testen

Für das Tragen eines Hundes ist es am besten, wenn man zwei Trageringe verwendet. Dann kann man die Hände mit jeweils einem Ring unter dem Hund durchschieben, sodass sie möglichst nah innen an den Oberschenkeln zu liegen kommen. Eine zweite Person ergreift dann auf der anderen Seite die Ringe und der Hund kann hochgehoben werden.

Trageringe (hier in schwarz und weiß) unter dem Bauch des Hundes durchschieben

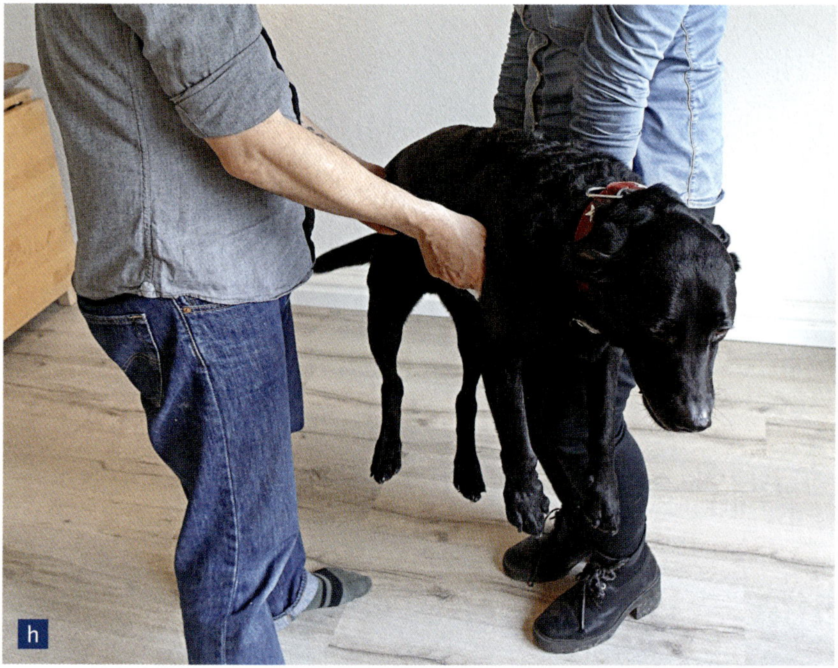

Transportieren des Hundes mit Trageringen

Hierbei sollte man beachten, dass der Kopf ziemlich Gewicht hat. Daher sollte der Po tiefer getragen werden, sonst könnte der Hund über den Kopf nach vorne fallen. Bei Bewusstlosigkeit kann der Hund dann auch nicht so schnell erbrechen, weil das Erbrochene dann ja erst mal „den Berg hinauf fließen" müsste.
Wenn man nur einen Ring zur Verfügung hat, verwendet man ihn auf der „Kopfseite". An der „Poseite" müssen die Helfer sich dann gegenseitig die Hände festhalten.

Die Behelfstrage

Mit der Behelfstrage hat man die Möglichkeit, einen Hund beispielsweise aus dem Wald heraus zu transportieren. Aber auch zu Hause muss man dafür nicht die Tür aus den Angeln heben, sondern es findet sich bestimmt etwas Passendes wie beispielsweise ein Stil vom Besen und einer vom Wischmopp oder von einem Gartengerät, um die Behelfstrage anzufertigen. Auf den Bildern wird gezeigt, wie man mithilfe von zwei Pullovern so eine Trage anfertigt. Das Ganze geht natürlich auch mit nur einem Oberteil. Die beiden Pullover stehen stellvertretend für alle möglichen Oberteile wie Jacken, Sweatshirts, T-Shirts, Hoodies usw. Beim Transport macht es Sinn, wenn einer der Tragenden (am besten derjenige am Kopfende) ein Kommando zum Anheben gibt.

So kann man aus einfachen Dingen eine Behelfstrage herstellen:

Kleidung ausbreiten

Ärmel nach innen ziehen

Stangen oder stabile Äste durch die Ärmel ziehen

Selbstverständlich muss das Material, was als Trageholm und Tuchersatz genutzt wird, vorher auf Stabilität getestet werden. Das Material sollte vorher genau inspiziert werden und getestet, wie weit man es biegen oder dehnen kann, indem man es zum Beispiel über das Knie legt. Es ist für alle Beteiligten schlimm, wenn der Hund wegen Materialschwäche von der Trage fallen würde.

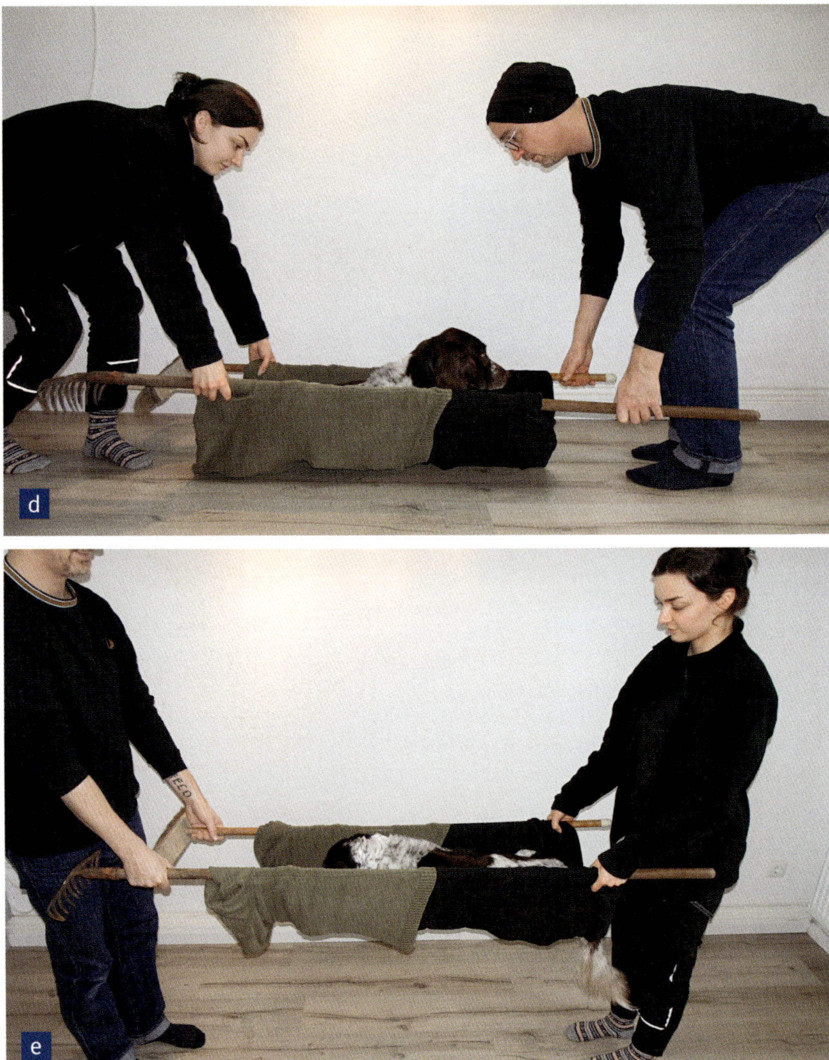

Nun kann der Hund sicher transportiert werden.

Tragen auf der Schulter

Mittelgroßen Hunden kann man auch beibringen, sich auf die Schultern des Halters zu legen. Wir stecken dafür unseren Kopf unter dem Körper des Hundes durch und heben ihn so an, dass sein Brustkorb auf unserem Nacken zu liegen kommt. Das ist unbequem, aber von der Gewichtsverteilung her günstig. Schultern wir den Hund auf dem Unterbauch, verteilt sich das Gewicht sehr zur Kopfseite und der Hund könnte schneller herunterfallen.
Dabei fassen wir ihn an nur zwei Beinen an. Dem Vorderbein, welches von uns weg zeigt, und dem Hinterbein, welches von uns weg zeigt. Die Beine, die uns quasi auf der Brust liegen, beachten wir nicht weiter. Damit haben wir den Hund stabil und sicher auf der Schulter, weil unsere ganze Hand jeweils ein Bein umfassen kann, statt nur mit zwei Fingern, weil man mit zwei Händen vier Beine greifen will.

So kann ein Hund sicher auf der Schulter getragen werden.

Krampfanfälle

Was ist überhaupt ein Krampf? Allgemein versteht man darunter unwillkürlich ausgelöste, zuckende Bewegungen, die durch elektrische Störungen im Gehirn ausgelöst werden. Dabei verliert der Hund die Kontrolle über seinen Körper und fällt meist zu Boden. Oft ist der Hund vorher sehr ruhig oder schläft sogar.
Der Körper kann dann durch die hohe Muskelarbeit steif wie ein Brett werden (mit oder ohne unkontrollierten Zuckungen) und es ist nicht ungewöhnlich, dass sich der Kopf in den Nacken überstreckt, er stark speichelt und unklare Laute von sich gibt.
Da der Hund seine Muskulatur nicht mehr unter Kontrolle hat, kann es sein, dass er Stuhl und Urin unter sich lässt.
Die Ursachen für solche Krämpfe sind sehr vielfältig. Diese können sein eine Vergiftung (siehe Seite 56ff.), Sauerstoffmangel, eine Unterzuckerung, ein Tumor, ein anaphylaktischer Schock (siehe Seite 68) oder auch Krankheiten wie Epilepsie. Für uns ist die Ursache aber in dem Moment nicht wichtig. Das ist etwas, dem der Tierarzt auf den Grund gehen muss. Für uns gilt: Egal was die Ursache für den Krampfanfall ist, der Hund sollte danach zur Diagnostik beim Tierarzt vorgestellt werden.

Krämpfe können von unserer Seite aus nicht behandelt werden!

- Wichtig ist, den Hund davor zu schützen, dass er sich Folgeverletzungen zuzieht. Zur Sicherheit entfernt man Gegenstände aus seiner Nähe oder legt eine Decke zwischen den Hund und die Gegenstände, die sich nicht wegräumen lassen.
- Hierbei sollte man möglichst leise vorgehen.
- Die Umgebung sollte abgedunkelt werden.
- Man sollte nicht versuchen, den Hund festzuhalten. Er könnte beißen.
- Auch wenn es etwas befremdlich klingt: Besonders wenn der Hund das erste Mal krampft, sollte man so viel Ruhe bewahren, dass man einen kurzen Ausschnitt davon per Handy filmen kann. Dem Tierarzt ist das bei der Diagnose eine große Hilfe.

Meist ist der Krampf nach kurzer Zeit vorbei. Dann lässt man den Hund erstmal etwas in Ruhe und beobachtet ihn gut. Es kann sein, dass er noch etwas durcheinander oder desorientiert ist. Daher sollte er keine Treppen steigen oder selbst die Verantwortung für sein Handeln übernehmen.
Wenn solche Krampfanfälle häufiger vorkommen, kann der Tierarzt auch ein Notfallmedikament verschreiben, was der Halter dann selbst geben kann.

Fällt der Hund im Grunde „einfach um“ und bleibt liegen, geht man vor wie bei der Bewusstlosigkeit. Es kann gut sein, dass der Hund schnell wieder zu Bewusstsein kommt. Die Gründe für so eine Bewusstlosigkeit können sehr unterschiedlich sein und zum Beispiel durch eine Herz- oder Nervenerkrankung ausgelöst werden. Aber das kann nur durch eine tierärztliche Diagnostik festgestellt werden.

Trommelbauch

Der Trommelbauch an sich ist keine eigenständige Erkrankung, sondern ein Symptom. Kommt es zu einer Magendrehung oder einem Darmverschluss, können die Gase, die sich im Verdauungstrakt bilden, nicht mehr entweichen. Damit werden die Gedärme aufgebläht wie ein Ballon. Durch das Aufblähen wird der Unterbauch ganz stramm mit Luft gefüllt. Das hat etwas von einem Trommelfell, daher wird es Trommelbauch genannt.
Jetzt ist es aber nicht nur so, dass die Gase nicht mehr entweichen können, sondern auch das Blut kann durch die gedrehten Blutgefäße nicht mehr zirkulieren. Besonders bei älteren Hunden, bei denen das Herz bereits vorerkrankt oder altersbedingt geschwächt ist, kann das wegen den Störungen des Blutflusses zu weiteren hochgefährlichen Problemen führen.

Bei großen Rassen ist das Risiko für einen Trommelbauch am höchsten.

In kürzester Zeit kann der Hund kollabieren und es kann bis zum Kreislaufstillstand kommen. Der Trommelbauch ist damit ein absoluter Notfall und der Hund muss umgehend beim Tierarzt vorgestellt werden. Kommt es rechtzeitig zu einer Operation, ist die Prognose recht gut. Besonders alte Hunde von großen Rassen mit tiefem Brustkorb neigen zum Trommelbauch.

Der Trommelbauch geht einher mit:

- starker körperlicher Unruhe (der Hund läuft umher und dreht sich im Kreis).
- häufigen Versuchen zu erbrechen, dabei kommt aber nur Schaum statt Erbrochenem.
- starkem Speicheln.
- nach oben gewölbtem Rücken.
- ballonartiger Wölbung der Taille. Schnippt man mit dem Finger darauf, gibt es ein ähnliches Geräusch, als würde man mit dem Finger auf einen Luftballon schnipsen.

Die einzig sinnvolle Maßnahme bei bestehendem Trommelbauch ist, den Hund einzupacken und schnellstmöglich zum Tierarzt zu fahren!

Dabei sollte man die Klinik oder Praxis schon im Vorfeld darüber informieren, da die Notoperation mit einigem Aufwand verbunden ist.

Achtung!

Im Internet findet man immer wieder verschiedene Empfehlungen, um den Hund zu „entgasen“. Von solchen Versuchen würde ich allerdings dringend abraten! Damit wird die Zeit, bis der Hund beim Tierarzt vorgestellt wird, unnötig in die Länge gezogen, es werden dem Hund unnötige Schmerzen zugemutet und es belastet zusätzlich den Kreislauf.

Um einem Trommelbauch vorzubeugen, sollte man das Futter auf mehrere Rationen am Tag verteilen und dem Hund nach jedem Fressen mindestens eine Stunde Ruhe im Körbchen zukommen lassen.

Blutungen

Bei Bagatellverletzungen ist nur ein einfacher Verband erforderlich (dazu später mehr). Wenn die Wunde dagegen schnell tropfend oder sogar spritzend blutet, muss man einen Druckverband anlegen.
Im Prinzip macht der Druckverband nichts anderes, als über das Druckpolster so viel Druck auszuüben, dass die Gefäße verschlossen sind und nicht mehr bluten können. Die Blutung steht, solange der Druckverband korrekt angelegt ist.

Wenn es blutet, erschrecken viele Menschen. Blutungen sehen häufig bedrohlicher aus, als sie sind. Es sieht einfach unglaublich dramatisch aus, wenn nur wenige Milliliter Blut auf den Boden getropft sind.
Natürlich kann man keine genauen Angaben dazu, ab wann es gefährlich ist, in Millilitern machen, weil das vom Gewicht des Hundes abhängt. Etwa 8 bis 9 Prozent des Körpergewichtes beim Hund sind Blut. So besitzt ein 10 Kilogramm schwerer Hund also etwa 850 Milliliter Blut. Wenn er davon knapp die Hälfte verliert, also 400 Milliliter oder ungefähr 4 Prozent seines Körpergewichts, schwebt er in Lebensgefahr.

Um sich eine Vorstellung davon zu machen, wie viel das ist, kann man einen Messbecher mit der Menge Wasser füllen, die etwa 4 Prozent Körpergewicht des eigenen Hundes entsprechen würde, und dieses auf die Straße schütten.

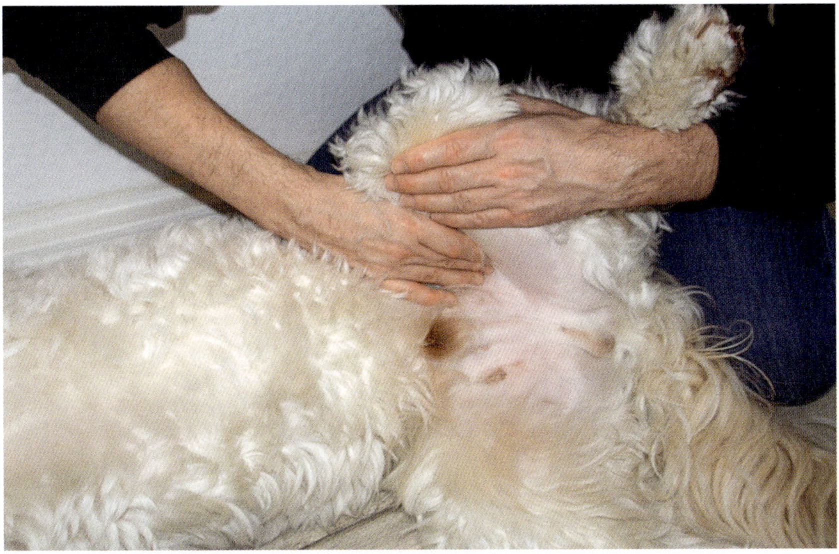

Das Hochhalten und Abdrücken ist die erste Maßnahme, wenn man am Bein einen Druckverband anlegen müsste.

Der Druckverband macht nur dort Sinn, wo Druck gegen einen Knochen ausgeübt werden kann, sprich an Kopf und Beinen. Bei einem Druckverband am Hals würde die Blutzufuhr zum Gehirn unterbrochen. Bei einem Druckverband am Bauch schiebt es die Organe zur Seite, dann kann nicht genug Druck aufgebaut werden, um die Gefäße zusammenzudrücken.

Wenn wir den Druckverband am Bein anlegen wollen, beginnen wir als erste Sofortmaßnahme damit, das Bein des Hundes hochzuhalten und in der Leiste abzudrücken. Am Kopf können wir die Gefäße nicht abdrücken. Damit würden wir den Blutfluss zum Gehirn beenden.

Im Kapitel Vitalzeichen wurde schon beschrieben, wo das Gefäß sitzt, dass das Bein mit frischem Blut versorgt. Allein das Hochhalten und Abdrücken dieses Gefäßes stoppt die Blutung bereits fast vollständig.
Druckverbände sind zeitkritisch. Wir wollen verhindern, dass der Hund bedrohliche Mengen an Blut verliert. Wenn dabei die Wundauflage unsteril wird, ist es egal. Bei den Bagatellverletzungen wird näher erklärt, wie das aussieht, wenn man genug Ruhe dafür hat.

Zunächst wird auf die Verletzung eine Wundauflage aufgelegt. Diese wird dann mit einer Mullbinde umwickelt. Wenn wir ein paar Wickelungen mit unserer Mullbinde gemacht haben, bringen wir ein flüssigkeitsdichtes Druckpolster auf die Wunde auf. Dazu bietet sich eines der in Kunststoff verpackten Päckchen aus dem Verbandskasten an. Dieses Päckchen wird nun „stramm" umwickelt und der Verband am Ende fixiert.

Hinweis!

Die Bilder stammen aus Übungssituationen, in denen keine Handschuhe getragen werden. Natürlich bietet es sich an, im Umgang mit Blut und anderen Körperflüssigkeiten immer Handschuhe zu tragen, wenn es die Lage erlaubt.

Es lässt sich leider nicht genau sagen, wie stramm man die Wicklungen machen soll, das muss man einfach üben. Wie vieles andere geht es auch in der Ersten Hilfe nicht ohne Übung.
Das Ziel des Druckverbandes ist es eigentlich, dass noch eine minimale Blutzirkulation im Gewebe stattfindet und es nicht zu einer Abbindung kommt. Das lässt sich in einer Notfalllage beim Hund nun aber schlecht überprüfen, wenn man an den Pfoten nach dem Puls tasten will.

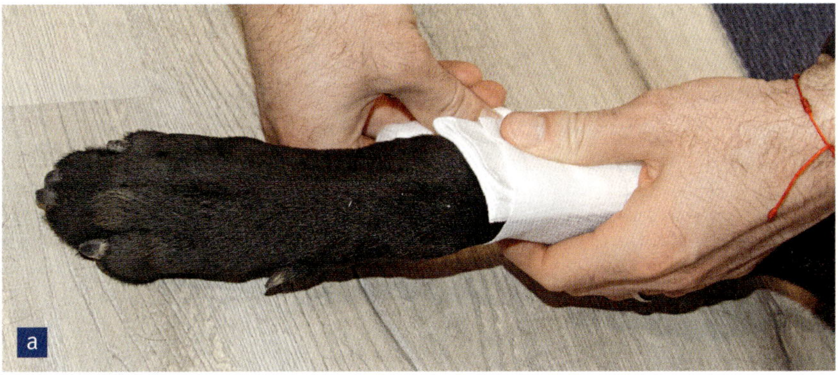

Den Druckverband beginnt man mit einer Wundauflage.

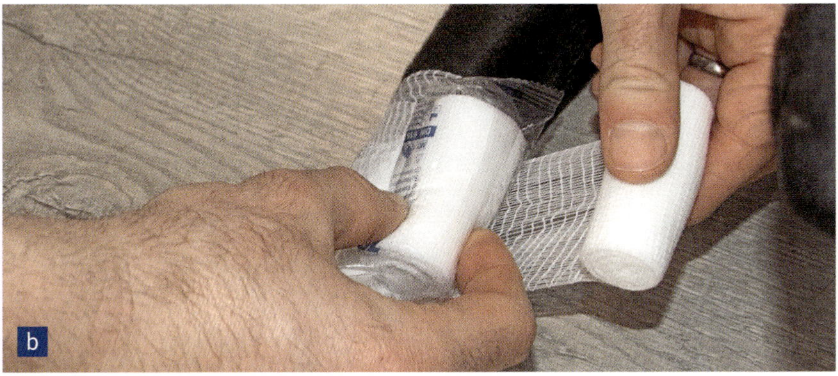

So wird das Druckpolster fixiert.

Damit ist der Druckverband schon geschafft.

Sollte es versehentlich zu einer Abbindung kommen, ist das nicht schlimm. Sollte es trotz des Druckverbandes weiter bluten, legt man ein zweites Druckpolster auf den ersten Druckverband und fixiert ihn mit einer Krawatte. Keine Sorge, die findet man auch in dem Erste-Hilfe-Kasten.
Hierzu nimmt man das Dreiecktuch aus dem Verbandkasten und dann wird im Grunde immer nur die kurze Spitze nach gegenüber gefaltet: erst die Spitze auf die Basis, dann den kurzen Teil auf den langen Teil und immer so weiter. Wie breit die Krawatte dann am Ende ist, entscheidet man damit, wie oft man sie faltet. Somit kann man dies individuell an den Hund anpassen.

Aus dem Dreieckstuch, welches in jedem Erste-Hilfe-Kasten zu finden ist, wird die Krawatte gefaltet.

Ich würde nicht dazu raten, eine Abbindung vorzunehmen, wie es oft beschrieben wird. Wird die Abbindung nämlich falsch angelegt, staut sich das Blut ähnlich wie bei der Blutentnahme und wird mit hohem Druck aus der Wunde gepresst. Daher würde ich von einer behelfsmäßigen Abbindung abraten.

Wenn ein Druckverband nötig ist, kann man davon ausgehen, dass der Hund viel Blut verloren hat. Ist der Hund nicht mehr in der Lage, selbstständig zu laufen oder zu stehen, wird der Po mit einer gefalteten Jacke oder einem Pullover erhöht gelagert. Dadurch steht den wichtigen Organen das Blut zur Verfügung, weil es der Schwerkraft folgt.

Tourniquet

Für Menschen, die viel mit ihrem Hund in tiefen Wäldern unterwegs sind, bietet es sich an, sich von einem Profi darin einweisen zu lassen, wie man ein Tourniquet benutzt. Das Tourniquet ist ein spezielles Hilfsmittel zur Abbindung und benötigt eine ausführliche Einweisung und viel praktische Übung, damit es wirklich funktioniert.

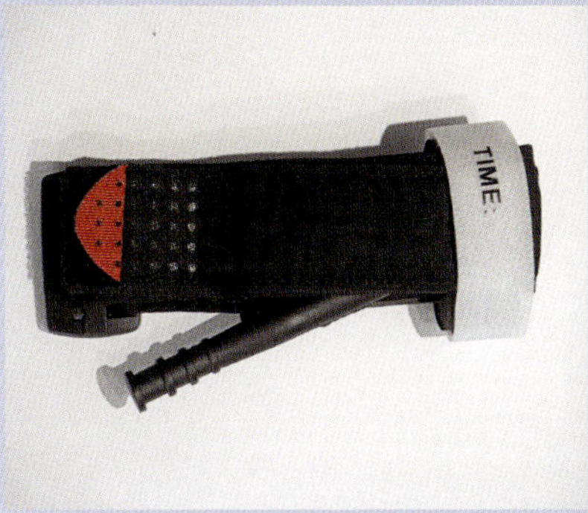

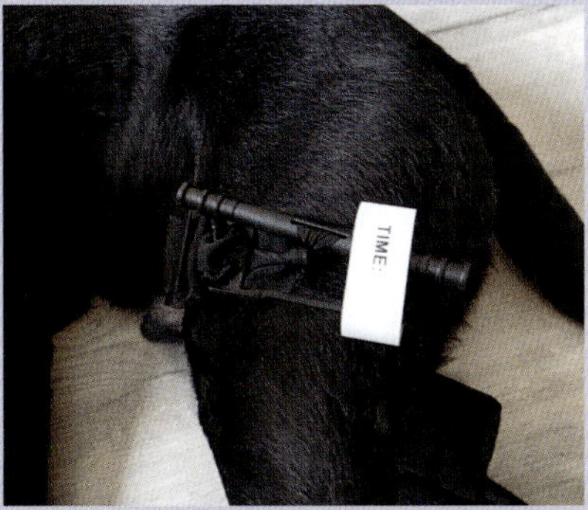

Wird das Tourniquet falsch angelegt, kann es wie ein Stauschlauch beim Arzt wirken. Dann wird das Blut eher noch schneller aus dem Körper gepumpt als ohne. Das korrekte Anlegen ist darüber hinaus auch richtig schmerzhaft.
Wer etwas über das Tourniquet lernen möchte, kann sich gerne bei mir melden und einen Termin mit mir oder mit einem Profi in der näheren Umgebung ausmachen.
Wegen der hohen Fehlerquote bei der Anwendung weise ich hier nur darauf hin und zeige es einmal, gehe aber auf die Anwendung nicht weiter ein.

Hitzschlag und Sonnenstich

Generell kann man zwischen Hitzschlag und Sonnenstich unterscheiden. Der Sonnenstich entsteht durch direkte Sonneneinstrahlung auf den Kopf, reizt die Hirnhäute und kann auch erst nach dem Sonnenbad auftreten.
Beim Hitzschlag ist es so, dass der Körper die Körpertemperatur nicht mehr regulieren kann und diese ansteigt. Ab einer Körpertemperatur von 41 °C besteht für den Hund Lebensgefahr.

In der Praxis ist es oft so, dass sich beides (Hitzschlag und Sonnenstich) nicht klar voneinander unterscheiden lassen und die Symptome fließend ineinander übergehen. Daher werde ich die beiden nicht voneinander trennen, sondern gemeinsam betrachten.

Man sollte sich auf jeden Fall merken, dass sowohl Hitzschlag als auch Sonnenstich lebensbedrohliche Zustände für den Hund sind! Sollte man eines von beiden vermuten, ist es sinnvoll, auf direktem Wege einen Tierarzt aufzusuchen.

Auch wenn Hunde gern in der Sonne liegen, sollte man sie immer wieder auffordern, sich in den Schatten zu begeben.

Wichtig!

- *Es sollte mittlerweile selbstverständlich sein, aber hier nochmal der Hinweis, dass man einen Hund niemals im Sommer im Auto zurücklassen sollte!*
- *Man sollte bei heißem Wetter immer ausreichend Wasser mit auf Spaziergänge nehmen und Pausen einlegen!*
- *Die Aktivitäten sollten an das Wetter angepasst sein!*
- *Rassen mit verkürzter Nase wie Mops, Französische Bulldogge u. a. benötigen besondere Schonung.*
- *Der Hund sollte im Sommer immer ausreichend Schatten zu Verfügung haben!*

Hinweise auf einen Hitzschlag oder einen Sonnenstich sind:

- starke Unruhe und Nervosität
- stark gerötete Schleimhaut im Mund
- Krämpfe
- Zittern und Schwanken des Körpers
- Bewusstlosigkeit
- starkes Hecheln und starker Speichelfluss
- Erbrechen und Durchfall
- erhöhte Körpertemperatur
- schneller Herzschlag

Zu diesem Thema stolpert man im Internet immer wieder über zwei Dinge, die ich aber nicht empfehlen würde.

Zum einem wird geraten, den Hund in feuchte Tücher einzuwickeln. Davon würde ich grundsätzlich abraten, weil sich unter dem feuchten Tuch (zwischen Hund und Tuch) die Hitze staut. Verdunstungskälte entsteht dadurch, dass Flüssigkeit auf der Haut verdampfen kann und Wärme so vom Körper weggetragen wird.

Die zweite Empfehlung, von der ich abraten möchte, ist, den Hund in ein kaltes Gewässer wie einen Bach oder einen See zu stellen. Bei den Symptomen haben wir darüber gesprochen, dass der Hund bewusstlos werden kann. Sein Kreislauf ist also stark belastet. Ein schlagartiges Abkühlen kann den Hund so sehr belasten, dass er dann im Wasser bewusstlos wird, was je nach Größe und Gewicht des Hundes zu massiven Problemen führen kann.

Folgende Maßnahmen würde ich empfehlen:

- Den Hund mit handwarmer Flüssigkeit langsam abkühlen. Dabei an den Pfoten beginnen und langsam zum Rumpf vorarbeiten.
- Ungekühlte Flüssigkeit zum Trinken anbieten (wenn der Hund stabil scheint).
- Den Hund beim Tierarzt vorstellen und auch während der Fahrt weiter kühlen.
- Den Hund in den Schatten bringen.
- Wenn der Hund bewusstlos ist, so vorgehen, wie es beim Thema Bewusstlosigkeit beschrieben ist. (Vermuten wir, dass der Hund bewusstlos werden könnte, bekommt er keine Flüssigkeit! Diese könnte er in seiner Bewusstlosigkeit erbrechen.)
- Beim Transport des Hundes im Auto ist für ausreichend Kühlung zu sorgen.

Auf diese Art kann man den Hund langsam abkühlen.
Wenn kein Wasser zur Verfügung steht, kann man in dem Fall auch andere Flüssigkeiten wie Limo oder Ähnliches verwenden – Hauptsache, es kühlt.

Knochenbrüche

Knochenbrüche sind nicht nur äußerst schmerzhaft, sie sind meines Erachtens auch eine unterschätzte Gefahr. Wenn ein Knochen bricht, kann er umliegende Strukturen beschädigen. Das könnte zum Beispiel bei einem Rippenbruch die Lunge sein. Das würde bedeuten, dass nur die Hälfte der Lunge zur Verfügung steht, weil der verletzte Teil zusammenfällt. Oder wenn der Oberschenkelknochen bricht, könnte er das Blutgefäß verletzen, welches das Bein mit Blut versorgt. Dadurch könnte der Hund so viel Blut verlieren, dass er daran versterben würde.

Zunächst einmal macht man nichts verkehrt, wenn man eine Prellung wie einen Knochenbruch behandelt. Lieber auf Nummer sicher gehen! Wenn man einen Knochenbruch aber sicher identifiziert hat, gilt natürlich besondere Sorgfalt.

Wie erkenne ich einen Knochenbruch?

Man kann sich nicht sicher sein, ob ein Knochen gebrochen ist, wenn

- der Hund Schmerzen hat.
- ein blauer Fleck zu sehen ist.
- die Verletzung geschwollen, gerötet oder wärmer als die Umgebung ist.
- die Beweglichkeit eingeschränkt ist bzw. ein Funktionsverlust vorliegt (der Hund kann nicht mehr auftreten).

In der Praxis verbergen Hunde ihre Schmerzen sehr gut und so warten viele Halter zu lange. Daher sollte bei ausgeprägter Lahmheit wie bei einer Fraktur vorgegangen und der Hund dem Tierarzt vorgestellt werden.

Sichere Anzeichen für einen Knochenbruch sind:

- sichtbare Knochenteile, die beispielsweise durch die Haut dringen.
- eine unnatürliche Beweglichkeit, wenn zum Beispiel der Unterschenkel auf der Hälfte herunterhängt.
- wenn man ein Knirschen an der Bruchstelle hört.
- wenn man Stufen oder Lücken unter der Haut tasten kann (ein Berühren sollte natürlich äußerst vorsichtig und schonend erfolgen).

Maßnahmen bei Knochenbrüchen

Wie schon erwähnt sind Knochenbrüche extrem schmerzhaft. Der Knochen ist von seiner Knochenhaut umgeben. Diese ist besonders gut durchblutet und sehr schmerzempfindlich.

Hunde wollen natürlich diesen Schmerz möglichst meiden. In der Regel wird der Hund beispielsweise das Bein hochziehen und ansonsten kaum weiteren Anzeichen zeigen, etwa so, als hätte er sich vertreten.

Wenn der Hund beim Anfassen dann starke Schmerzen zeigt in Form von Ausweichen, Schnappen, lautes Aufjaulen oder sich Kleinmachen, ist es angebracht, ihn nicht weiter zu berühren und beim Tierarzt vorzustellen.

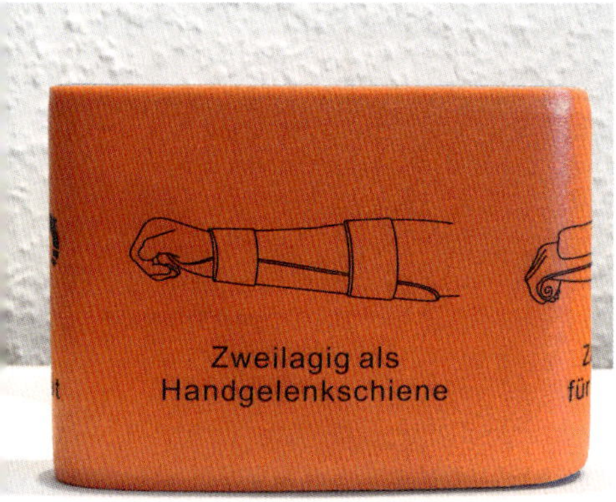

Der aus der Humanmedizin bekannte SAM-Splint lässt sich auch bei Hunden anwenden.

Der Hund wird – insbesondere an den Extremitäten – von selbst in eine Schonhaltung gehen, die es ihm ermöglicht, die Situation bestmöglich auszuhalten. Solange keine sicheren Bruchzeichen sichtbar sind, würde ich keine Schienen empfehlen. Jedes Berühren und jede Manipulation sind extrem schmerzhaft.

Man findet immer wieder Bilder von behelfsmäßigen Schienen. Da werden dann Zeitungen zusammengerollt und mit Mullbinden am Bein fixiert, dicke Äste am Bein festgebunden oder andere kreative Ideen umgesetzt. Davon ist dringend abzuraten!
Wenn der Knochen ganz oder in Teilen gebrochen ist, werden durch die behelfsmäßige Schiene der Knochen oder Knochenteile bewegt, was extrem schmerzhaft ist oder zu weiteren Verletzungen führen kann.
Wenn der Hund einmal liegt, bietet es sich an, den Knochenbruch so zu polstern, dass er vor weiterer Manipulation geschützt ist. Ansonsten ist das Schienen nur sinnvoll, wenn die Schiene sich an den Knochenbruch anpassen lässt und sich eben nicht der Bruch an die Schiene anpassen muss! Dafür gibt es spezielle Hilfsmittel, die man im Handel kaufen kann, beispielsweise den SAM-Splint, das ist eine gepolsterte Aluminiumblech-Schiene, die sich individuell formen lässt.

Im Überblick

- *Besonderes Augenmerk gilt der Schmerzbeobachtung*
- *Bruchstellen nicht bewegen*
- *Bruchstellen ruhig stellen durch Polsterung mit fest eingerollten Kleidungsstücken oder Decken und Kissen*
- *Bei geschlossenen Knochenbrüchen kühlen, wenn möglich*
- *Keine Bewegungsversuche vornehmen*
- *Weitere Erste Hilfe nach Notwendigkeit, zum Beispiel bei Bewusstlosigkeit*
- *Herausstehende Knochenteile steril abdecken und weich polstern*
- *Schienen nur mit geeignetem Material*

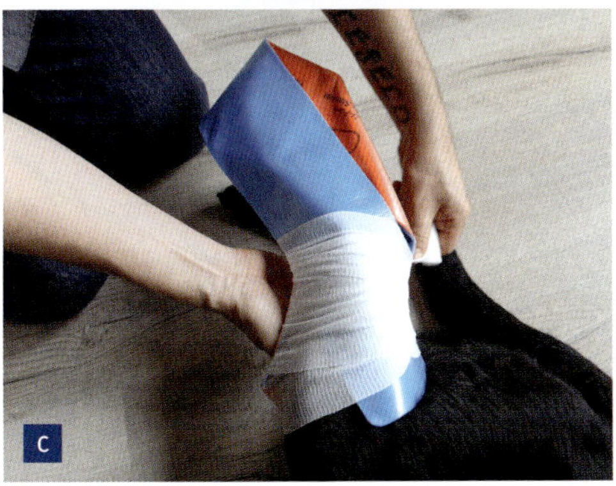

Der SAM-Splint wird zunächst an den Knochenbruch angepasst (a und b) und danach mit einer Mullbinde fixiert (c).

Der SAM-Splint ist klein, leicht, günstig und einfach in der Anwendung. Aber auch hier würde ich jedem dazu raten, sich erst einmal von einem Profi zeigen zu lassen, wie man damit umgeht. So kann man auch gleich in Erfahrung bringen, welche Größe man nehmen sollte.

Pfählungsverletzungen

Bei Pfählungsverletzungen dringen Fremdkörper in den Hund ein. Mit ihnen ist aber im Grunde genauso umzugehen wie mit den herausstehenden Knochenteilen, die gerade beschrieben wurden.
Pfählungsverletzungen sind in den meisten Fällen selbst verursacht. Beispielsweise springt der Hund irgendwo herunter und landet auf einem Ast, der dann in dem Körper steckt, oder er kaut auf altem Holz und rammt sich einen dicken Splitter in die Mundschleimhaut. Denkbar sind aber auch Gewaltverbrechen, wie beispielsweise, dass ein Messer in dem Hund steckt.
Wichtig bei Pfählungsverletzungen ist, dass Gegenstände, die in der Wunde stecken, nicht aus dem Hund herausgezogen werden. Gegebenenfalls benötigt man technische Hilfe, um den Gegenstand einzukürzen (zum Beispiel einen Ast abzusägen oder eine Metallstange abzuflexen).

Besonderes Augenmerk legen wir darauf, den Hund davor zu schützen, dass der Gegenstand (beispielsweise beim Transport des Hundes) noch weiter in den Hund hinein gedrückt wird oder, wie oben schon gesagt, herausgezogen wird.

Der Gegenstand, der im Körper steckt, dient wie ein Korken, der die Wunde verschließt. Ziehen wir den Gegenstand aus der Wunde, ist es ein bisschen, als würde man den Stöpsel aus der Badewanne ziehen. Dann kann nicht nur ein hoher Blutverlust den Hund akut gefährden, es kann (je nach Ort der Penetrationsverletzung) beispielsweise Stuhlgang in den Körper gelangen, wenn der Darm verletzt ist.

An diesem Dummy wird gezeigt, wie eine Pfählungsverletzung aussehen kann.

Wie alle Wunden, wird auch diese Wunde steril abgedeckt und anschließend die Abdeckung fixiert, was manchmal etwas Kreativität erfordert.

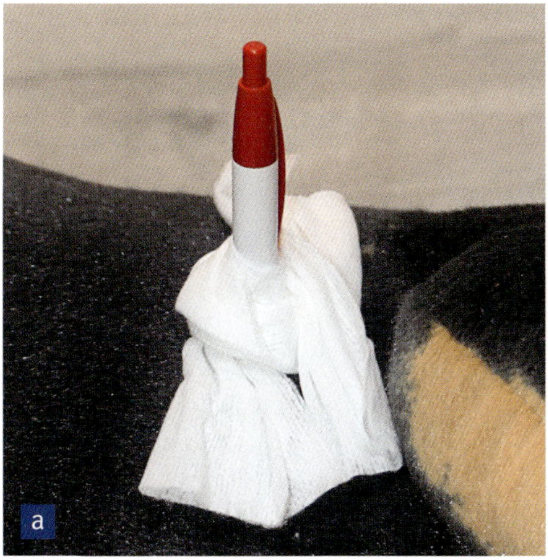

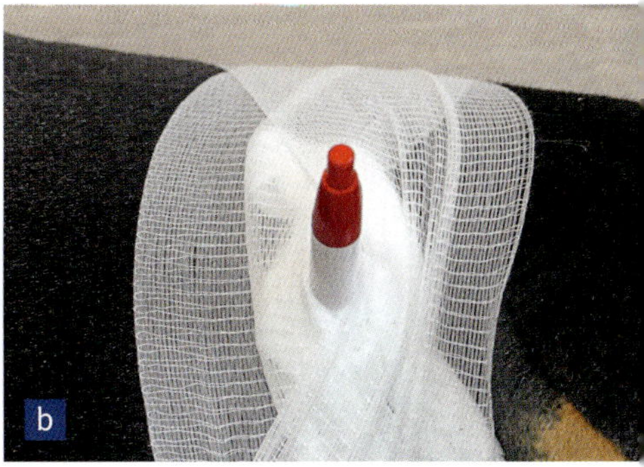

Der eingedrungene Gegenstand wird zunächst mit einer Kompresse (a) und dann mit einer Mullbinde (b) fixiert.

In der Simulation habe ich den Stift nur lose mit Kompressen umwickelt. Anschließend wurden die Kompressen einfach nur links und rechts (leicht überlappend) mit einer Mullbinde fixiert.

So würde ein Pfählungsverband aussehen.

Vergiftungen

Sola dosis facit venenum – Die Dosis macht das Gift!

Wussten Sie, dass einige Hundehalter ihren Hunden an Silvester Eierlikör zur Beruhigung geben? Wenn man das zum ersten Mal liest, krampft sich etwas der Magen zusammen. Viele Hundehalter schwören aber darauf. Lesen Sie es gerne mal im Internet nach.
Ich möchte nicht falsch verstanden werden. Das ist keine Empfehlung, nur eine Information. Wer sich da schlau machen möchte, kann sich die Artikel von Dr. del Amo (sie rät davon ab) und Dr. Rückert (er befürwortet das) durchlesen.
Warum habe ich dieses Thema angesprochen? Es ist allgemein bekannt, dass Alkohol für Hunde gefährlich sein kann. Und doch scheint eine kleine Portion Eierlikör vielen Hunden nicht zu schaden. Denn auch hier gilt: Die Dosis macht das Gift!

Viel schlimmer ist aber die unsachgemäße Eingabe von Medikamenten. Einige Hundehalter „schütten" völlig unreflektiert hochwirksame Medikamente in den Hund, die teils fatale Nebenwirkungen haben können, insbesondere wenn sie überdosiert werden. Da ist von Kreislaufproblemen bis zum Aussetzen der Atmung alles drin. Machen Sie sich mal die Arbeit und lesen einen Beipackzettel aufmerksam.
Der Hund wird nicht einfach tot umfallen, wenn er mal ein Stück Schokolade bekommt (mehr dazu weiter unten). Dafür kann er bei einer Überdosierung mit Cortison ein Cushing-Syndrom (eine hormonelle Störung) entwickeln. Das kann mit schweren Folgeerscheinungen einhergehen und sogar tödlich enden. Das Ganze hat sogar einen Namen. Bei „iatrogenen" Krankheitsbildern spricht man von Gesundheitsschäden, die durch ärztliche Maßnahmen verursacht worden sind. Mein Wunsch ist es, dass Sie kurz über das Thema Dosis nachgedacht haben.

Stoffe, die für den Hund giftig sind, begegnen uns überall im Alltag. Der oben erwähnte Alkohol ist hochgradig giftig. Und dann gibt es heute noch gestörte Menschen, die Rattengift als Giftköder auslegen. Es können aber auch Stoffe sein, die für den Menschen völlig unschädlich sind und die wir daher nicht als gefährlich für den Hund einschätzen.

Wer glaubt schon, dass der Verzehr von
- Weintrauben und Rosinen
- Schokolade
- Kaffee und Tee
- Zwiebeln und Knoblauch
- Pilzen

- Früchten von Nachtschattengewächsen (wie Tomate oder Paprika)
- rohen Hülsenfrüchten und rohem Schweinefleisch
- Avocados und Nüssen
- sowie Xylit (für Hunde hochgiftiger Zuckeraustauschstoff)

für den Hund mit schlimmsten Folgen enden kann?

Hunde machen aber auch vor den Pflanzen in der Wohnung nicht unbedingt halt. Daher sollte man zumindest schauen, welche Pflanzen man im Haus hat. Hier sind nur die häufigsten für Hunde giftigen Zimmerpflanzen aufgeführt:

- Aloe vera
- Lilien
- Drachenbaum
- Elefantenohr
- Baumfreund
- Teufelskralle
- Sagopalme
- Jade
- Chinesische Efeutute
- Schweigeohr

Wer mehr darüber erfahren möchte, findet detaillierte Informationen in den zahlreichen Büchern und Internetseiten zu diesem Thema.

Im Haushalt sollte immer darauf geachtet werden, dass keine giftigen Pflanzen oder andere gefährliche Stoffe für Hunde frei zugänglich sind.

Wenn es um die Erste Hilfe geht, sollte man sich vor allem auf die Symptome konzentrieren. Ich mache aber trotzdem eine Ausnahme, weil das Thema Schokolade immer wieder aufkommt.
An und für sich ist die Schokolade nicht das Problem, sondern das in den Kakaobohnen enthaltene Theobromin. Das Theobromin ist das, was für den Hund giftig ist. Man kann sagen, je dunkler die Schokolade ist, desto mehr Theobromin enthält die Schokolade.

Hier eine kleine Auflistung dazu, wie viel Theobromin in welchem Produkt enthalten ist:

Milchschokolade	0,5–2,3 mg/g
Kakaopulver	14-29 mg/g
Rohkakao	18–35 mg/g
70%ige Schokolade	20 mg/g
90%ige Schokolade	26 mg/g

Die Menge, bei der Vergiftungserscheinungen auftreten können, beginnt bei 15 mg/kg Gewicht. Der Tierarzt wird ab 20 mg/kg Maßnahmen einleiten.
Für Milchschokolade mit 2 mg/g bedeutet das:
5 kg Hund = 37,5 g Milchschokolade
10 kg Hund = 75,0 g Milchschokolade
20 kg Hund = 150 g Milchschokolade

Eine tödliche Dosis beginnt bei 100 mg/kg Körpergewicht.
Für Milchschokolade mit 2 mg/g bedeutet das:
5 kg Hund = 250 g Milchschokolade
10 kg Hund = 500 g Milchschokolade
20 kg Hund = 1000 g Milchschokolade

Die Menge, bei der Vergiftungserscheinungen auftreten können, beginnt bei 15 mg/kg Gewicht. Für 70%ige Schokolade mit 20 mg/g bedeutet das:
5 kg Hund = 3,75 g Milchschokolade
10 kg Hund = 7,5 g Milchschokolade
20 kg Hund = 15 g Milchschokolade

Die tödliche Dosis beginnt bei 100 mg/kg Gewicht.
Für 70%ige Schokolade mit 20 mg/g bedeutet das:
5 kg Hund = 25 g 70%ige Schokolade
10 kg Hund = 50 g 70%ige Schokolade
20 kg Hund = 100 g 70%ige Schokolade

So eine Liste könnte man jetzt für ganz viele Stoffe anfertigen. Wenn wir einmal ehrlich sind, wird das aber eh nicht gelesen. Daher konzentrieren wir uns jetzt auf die Symptome und die Maßnahmen zum Thema Vergiftungen.

Damit es gar nicht erst zu einer Vergiftung beim Hund kommt, sollte mit Stoffen im Haushalt umgegangen werden wie bei kleinen Kindern. Im Zweifelsfall kann man Putzmittelschränke auch mit Kindersicherungen verschließen. Es sollte selbstverständlich sein, dass der Hund keinen freien Zugriff auf Lebensmittel hat und wie wir später noch feststellen, sollten auch Medikamente immer in einem abgeschlossenen Schrank aufbewahrt sein.

Manche Gifte wirken erst Stunden oder Tage nach der Einnahme, daher ist es schwierig nachzuvollziehen, welcher Stoff wirklich zur Vergiftung geführt hat. Sollte der Hund dabei beobachten werden, wie er einen Stoff aufnimmt, sollte davon eine Probe mit zum Tierarzt genommen werden.

Typische Vergiftungserscheinungen sind:
- starkes Speicheln
- Zittern
- Schläfrigkeit oder starke Aufregung
- Schwäche
- Kreislaufprobleme (bis zur Bewusstlosigkeit)
- Würgen, Erbrechen
- Durchfall
- Blut im Erbrochenen, im Kot oder im Urin (bei Rattengift)
- Atembeschwerden bis hin zur Atemnot
- Veränderung der Pupillen und der Mundschleimhaut

Im Prinzip ist es nicht möglich, dem Hund bei einer Vergiftung gezielt zu helfen. Anders als beim Menschen kann man einen Hund nicht zum Erbrechen bringen, indem man ihm die Finger in den Hals steckt.
Hausmittel wie Milch können die Aufnahme bestimmter Stoffe beschleunigen. Mittel wie Kohletabletten verfälschen das Erscheinungsbild des Stoffes.

Die einzig sinnvolle Maßnahme ist, den Hund direkt einzupacken und zum Tierarzt zu fahren. Ansonsten benötigt der Hund Maßnahmen nach Bedarf, wie zum Beispiel die stabile Seitenlage bei Bewusstlosigkeit.

Verbrennungen

Beim Thema Verbrennungen haben wir ganz oft Horrorszenarien vor Augen. Der Hund hat den Grill im Garten umgeworfen oder stand uns im Weg, als wir das Kochwasser von den Kartoffeln abschütten wollten. Aber ist das alles? Natürlich gibt es da noch viele andere Möglichkeiten, wie sich ein Hund verbrennen kann. Im Internet findet man immer wieder die Behauptung, ein Hund würde sich die Pfoten am heißen Asphalt nicht verbrennen. Nun muss man sich darüber im Klaren sein, dass auch die Tage in Deutschland immer heißer werden und man sich mit dem Hund auch im Süden Europas aufhält, wenn man in den Urlaub fährt. Wer nicht glaubt, dass ein Hund sich die Pfoten am Asphalt verbrennen kann, kann gerne im Internet nach der Geschichte von Otto gucken und sich darüber belesen. Der Link ist, wie alle anderen auch, im Anhang zu finden.
Trans.info sagt, Asphalt kann bis zu 60 °C heiß werden, Verbrennungen allerdings kann man sich bereits ab 45 °C zufügen. Dann ist das nur noch eine Frage der Zeit, wann sich auch bei uns Hunde die Pfoten verbrennen können.
Eine andere Frage, die sich stellt, ist, ob der Hund sich überhaupt erst verbrennen muss, bevor wir etwas unternehmen. Denn Schmerzen wird er mit höchster Wahrscheinlichkeit vorher schon haben.

Was ist die 7-Sekunden-Regel?

Vielleicht ist der eine oder andere schon einmal über diesen Hinweis gestolpert, dass man die Hand auf den Asphalt legen soll, um zu testen, ob er für den Hund zu heiß ist. Solche Regeln sind immer kritisch zu betrachten, hat der Hund doch

Wenn der Hund viel auf heißem Asphalt laufen muss, können Booties Schutz bieten.

wahrscheinlich ein anderes Schmerzempfinden als wir. Schon zwei Menschen können ein unterschiedliches Schmerzempfinden haben. Aber mal ehrlich. Man muss gar nicht mindestens 7 Sekunden oder mehr als 7 Sekunden aushalten können. Es geht bei dieser Regel vor allen Dingen darum, sich bewusst zu machen, wie heiß der Asphalt ist, um dann zu entscheiden, ob es wirklich notwendig ist, dass man da noch drüber läuft.

Wir haben bereits beim Thema Sonnenstich darüber gesprochen, dass man den Hund vor zu viel Hitze schützen muss. Zusätzlich zu den bereits oben aufgeführten Empfehlungen, würde ich bei heißem Wetter raten,

- die Spaziergänge in den frühen Morgen oder späten Abend zu legen,
- den Hund vorrangig auf Waldwegen und Wiesen zu bewegen
- und wenn man zum Beispiel sehr städtisch wohnt, dem Hund beizubringen, dass er Schuhe trägt (wie zum Beispiel Booties, die man vom Schlittenhundesport kennt).

Verbrennungen lassen sich in unterschiedliche Grade aufteilen. Je nach Quellenangabe zu diesem Thema werden diese unterschiedlich unterteilt. Manche unterscheiden 3 Grade, andere teilen es in 5 Grade auf (1, 2a, 2b, 3 und 4). In diesem Buch wird die Aufteilung in 3 Grade vorgestellt.

1: Rötung
2: Blasenbildung
3: Tiefer gehender Hautdefekt, gegebenenfalls mit Verkohlung

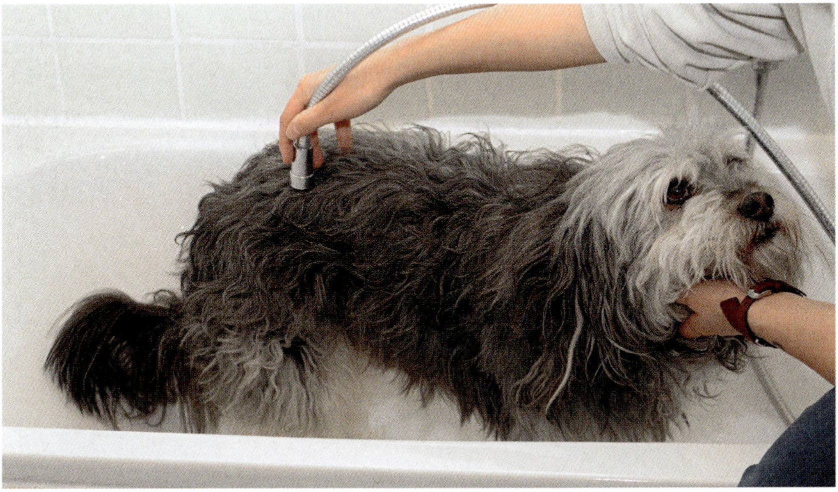

Kleinere Verbrennungen können mit fließendem Wasser wie zum Beispiel mit der Handdusche abgekühlt werden.

Gerade beim Thema Verbrennung ist Vorbeugung sehr wichtig:
- Feuerstellen, wie zum Beispiel ein Grill, müssen gesichert sein.
- Feuer und heiße Gegenstände dürfen nie unbeaufsichtigt sein.
- Nur zugelassene Grillanzünder benutzen.
- Eine kochend heiße Suppe sollte nie auf dem Tisch unbeaufsichtigt stehen.
- Ggf. die Tischdecke entfernen, damit der Hund nicht an ihr ziehen kann.

Wenn es dann doch einmal zum Unfall kommt, ist Folgendes zu beachten:
- Erst auf Eigensicherung achten.
- Feuer löschen, gegebenenfalls die Feuerwehr rufen.
- Kleinere Verbrennungen können mit fließendem Wasser gekühlt werden.
- Weitere Maßnahmen nach Notwendigkeit (zum Beispiel stabile Seitenlage oder Transport zum Tierarzt).

Augenverletzungen

(Gastbeitrag von Tierärztin Nina Winkeldey)

Das Auge ist ein sensibles Organ. Wer selbst schon mal ein Sandkorn oder ein Haar im Auge hatte, weiß, wie schnell es juckt und brennt und schmerzt.
Verschiedene Funktionen schützen das Auge vor Verletzungen. So werden die Lider aus Reflex zugekniffen. Und wenn doch was ins Auge gerät, dann tränt es vermehrt, um den Fremdkörper hinauszuspülen. Wenn das nicht ausreicht, dann ruft es quasi um Hilfe durch Jucken und Schmerz.
Beim Hund ist es genauso. Jedoch ist es nicht immer einfach für den Besitzer, den Schmerz zu erkennen. Daher möchte ich jeden Hundebesitzer dafür sensibilisieren. Denn im Alltag der Tierarztpraxis erlebt man leider viel zu häufig, dass die Hundehalter zu lange gewartet haben. Und am Ende verliert der Hund möglicherweise sein Auge.

Fangen wir an mit Fremdkörpern. Die in der Praxis am häufigsten vorgestellten Fremdköper im Auge sind Grannen. Gerade im Sommer, wenn die Gräser reif sind, findet man sie überall. Selbst in der Großstadt. Diese Pflanzenteile besitzen Widerhaken und bohren sich auch gerne in Pfoten und Haut oder gelangen in Nase, Ohren und Augen. Da sie sich nur in eine Richtung fortbewegen, sind sie nach ein paar Lidschlägen meistens schnell von der Augenoberfläche verschwunden und nicht mehr zu sehen.

Daher sollte man auf das Verhalten des Hundes genau achten. Dann erkennt man schnell, was los ist. Meistens kneift der Hund ein Auge auffällig oft zu oder hält es vielleicht sogar ganz geschlossen. Möglicherweise tränt das Auge auch. Nach wenigen Stunden ist es bereits gerötet oder die Bindehäute schwellen an. Bereits wenn man sieht, dass der Hund sein Auge zukneift, sollte man reagieren. Denn das ist ein Zeichen von Schmerz!

Man kann mit guter Beleuchtung das Auge anschauen. Wenn der Fremdkörper ein Dorn oder Ähnliches ist, dann sieht man das oft schon mit bloßem Auge. Wer Kochsalzlösung oder spezielle Augenspülung zur Hand hat, kann versuchen, das Auge auszuspülen. Ist der Fremdkörper danach noch da oder kneift der Hund das Auge weiter, sollte man den Hund beim Tierarzt vorstellen.
Auf alle Fälle sollte man den Hund daran hindern, sich am Auge zu kratzen. Er weiß sich ja nicht anders zu helfen, aber er wird damit die Situation nur verschlimmern.

Bei brachycephalen Rassen kann es durch Toben oder Unfälle zu einem Augapfelvorfall kommen.

Sollte man bei der Augenuntersuchung erkennen, dass ein Dorn im Auge steckt, braucht man es erst gar nicht mit dem Spülen zu versuchen, sondern sollte den Hund sofort zum Tierarzt, im Idealfall zu einem Spezialisten für Augenerkrankungen, bringen.
Sind auf dem Auge bläuliche Flecken zu erkennen, zum Bespiel nach einem Kampf mit einem Artgenossen, sollte man auch sofort den Tierarzt aufsuchen und nicht noch ein paar Stunden warten.

Auf zwei weitere Augennotfälle möchte ich noch hinweisen.
Das eine sind Blutungen am Auge. Läuft Blut aus dem Auge oder sieht man Blut im Auge, darf man keine Zeit verlieren und sollte sofort zum Tierarzt fahren.

Das andere ist ein sogenannter Augapfelvorfall. Gerade bei sogenannten brachycephalen Rassen (Mops, Pekingese, Französische Bulldogge usw.) kann es passieren, dass bei einem Unfall oder auch beim wüsten Spiel mit einem Hundekumpel der Augapfel aus der Augenhöhle fällt. In diesem Fall zählt wirklich jede Minute. Daher tief durchatmen und Ruhe bewahren. Zunächst legt man ein sauberes, feuchtes Tuch auf das Auge und fährt dann unverzüglich zu Tierarzt.

Durchfall und Erbrechen

Vorweg kann man erst mal sagen, dass es völlig normal ist, wenn der Hund gelegentlich und einmalig Durchfall oder Erbrechen hat.
Wenn dann dazu der Kontext noch stimmt, zum Beispiel eine Futtermittelumstellung oder dass der Hund beim Schwimmen zu viel Wasser getrunken hat, braucht man sich erst mal keine Sorgen zu machen.
In solchen Fällen sollte man den Hund gut beobachten und ihm etwas Schonkost (zum Beispiel Hühnchen und Reis) in kleinen Portionen über den Tag verteilt geben. Auch wenn der Hund vielleicht anderer Meinung ist, wird er nicht gleich sterben, wenn er zwölf Stunden mal kein Futter bekommt.
Er sollte aber immer ausreichend Flüssigkeit in seiner Nähe haben. Wenn er ein schlechter Trinker ist, kann man ihn mit ein paar Tropfen Brühe im Trinkwasser zusätzlich zum Trinken animieren.

Hält der Durchfall und/oder das Erbrechen an, droht der Hund auszutrocknen (dehydrieren) und muss dem Tierarzt vorgestellt werden! Spätestens nach drei Tagen Durchfall und/oder Erbrechen sollte der Hund auf alle Fälle beim Tierarzt vorgestellt werden. Sollte der Hund noch andere Symptome wie Zittern, Unruhe, gekrümmter Rücken usw. zeigen, muss man sofort zum Tierarzt. Außerdem sollte man auf die Ausscheidungen des Hundes achten. Sind da Blutbeimengungen zu erkennen, sollte er auch sofort dem Tierarzt vorgestellt werden.

Als Hundehalter sind wir es ja gewohnt, uns mit den Ausscheidungen unserer Hunde zu beschäftigen. Es ist absolut sinnvoll, eine Probe des Erbrochenen oder des Durchfalls mit zum Tierarzt zu nehmen, damit es gegebenenfalls direkt auf Erreger untersucht werden kann. Im optimalen Fall hat man mehrere Proben von unterschiedlichen Zeitpunkten genommen. Wenn Ihr Hund schon mal *Giardien* hatte, wissen Sie, wovon ich rede. Mein Schmitz hat damals bei einer *Giardien*-Infektion riesige, blutige Haufen hinterlassen.
Giardien sind Parasiten und hoch ansteckend.

Wie schon erwähnt, finde ich auch in diesem Fall eine Behandlung mit Hausmitteln oder Kohletabletten nicht sinnvoll. In dem Moment, wenn Hausmittel gegeben werden, hofft der Halter auf Besserung und verzögert damit die Vorstellung beim Tierarzt. Daher würde ich raten, den Hund beim Haustierarzt vorzustellen, auch wenn man meint, dass er jetzt irgendwelche Hausmittel bekommen sollte.

Offene Wunden

Da es sich bei offenen Wunden oft um Bagatellverletzungen handelt, möchte ich diese in den Bereich der nicht lebensbedrohlichen Situationen packen. Im Bereich der Notfallmaßnahmen haben wir uns bereits mit der Blutstillung beschäftigt.

Es ist schnell passiert, dass der Hund sich irgendwo aufkratzt, hängen bleibt, sich dabei die Haut verletzt und gegebenenfalls auch mal ein Tröpfchen Blut fließt. Das ist alles erst mal nicht weiter tragisch. Wunden, die so klein sind, dass sie nicht bluten, kann man auch einfach an der Luft trocknen lassen. Es besteht sonst die hohe Wahrscheinlichkeit, dass die Wundauflage mit der Wunde verklebt. Wenn das der Fall ist, schadet man der Wundheilung mehr, als dass man ihr nutzt. Dann muss die Wundauflage längere Zeit mit Kochsalzlösung durchnässt werden, damit die Krusten sich lösen und die Wundauflage ohne größeren Schaden entfernt werden kann. Es braucht also nicht jede kleine Wunde direkt einen Verband.

Wenn die Wunde oberflächlich verschmutzt ist, kann man sie mit etwas steriler Kochsalzlösung oder einem Schleimhautdesinfektionsmittel reinigen und kleinere Splitter mit einer Pinzette entfernen. Danach wird eine sterile Wundauflage auf die Wunde aufgebracht und mit ein wenig Mullbinde oder der Babysocke aus unserem Erste-Hilfe-Set (siehe Seite 89) fixiert. Normale Pflaster werden auf dem Hundefell keinen Halt finden und sind daher unpraktisch.
Auch wenn die Wunden sehr klein sind, sollte man sie trotzdem gut beobachten und auf Entzündungszeichen (Rötung, Schwellung, Schmerz, übermäßige Wärme und Funktionseinschränkung) prüfen. Auch hier bietet sich wieder an, ein schnelles Foto mit dem Handy zu machen. Besonders bei Bissverletzungen, aber natürlich auch bei allen anderen Wunden, sollte man auch die Körpertemperatur des Hundes gut im Blick haben. Wenn die Körpertemperatur steigt, muss unbedingt ein Tierarztbesuch erfolgen.

Im Folgenden geht es um Verbände, die zeitnah dem Tierarzt vorgestellt werden. Verbände, die über mehrere Stunden halten sollen, müssen etwas anders angelegt werden (Polsterung etc.). Das zeigt einem dann der Haustierarzt, wenn es notwendig ist. Hier geht es erst mal nur um die Erste Hilfe.

Die Auflage soll steril bleiben. Bei Verbandpäckchen ist die Wundauflage bereits in dem Mullwickel. Man kann einfach ein bisschen abwickeln und die Wundauflage dann, ohne sie zu berühren, auflegen. Wenn man eine Kompresse aus der Verpackung nimmt, hat die Verpackung oben zwei Laschen, an denen man die Öffnung greift und wie ein Buch öffnen kann. Dann nimmt man die Kompresse einfach von oben mit den Fingern heraus, aber berührt die Seite, die zur Wunde zeigt, nicht.

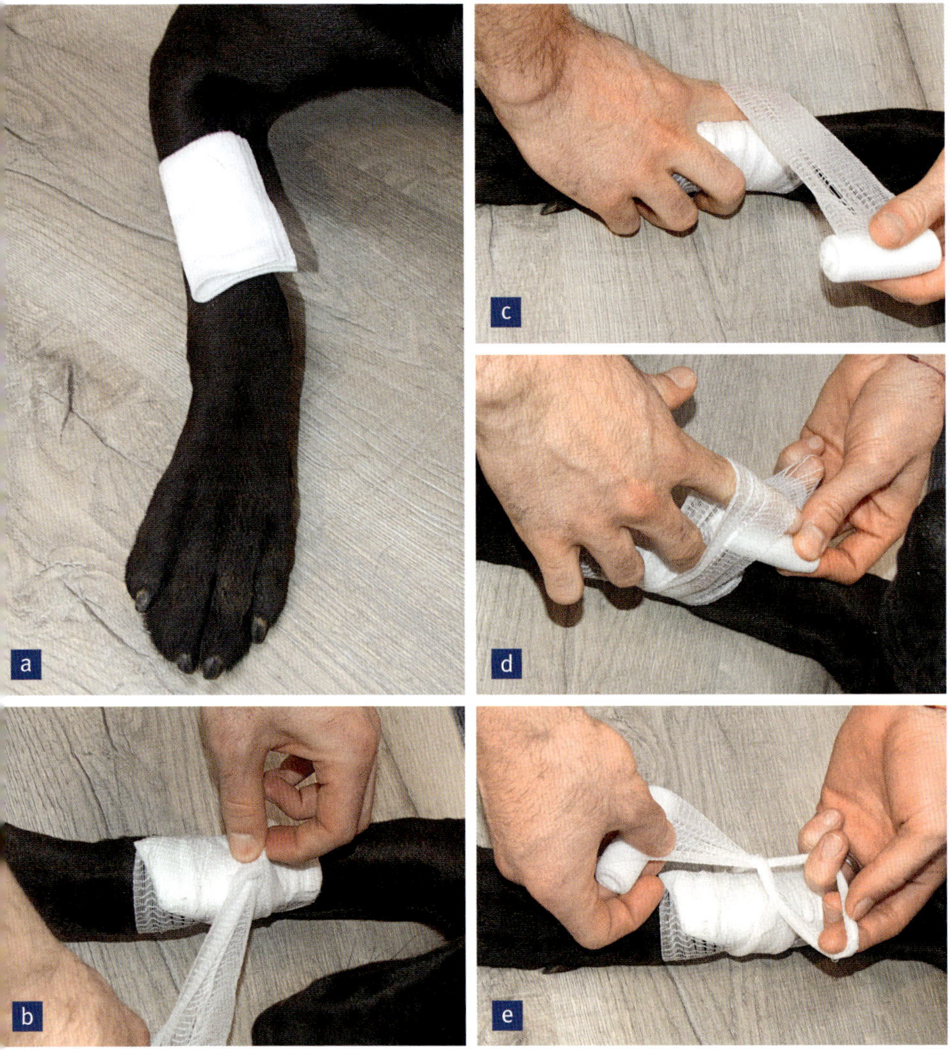

Die Wundauflage wird aufgebracht, ohne dass die Stelle berührt wird, die in Kontakt mit der Wunde kommt (a).

Anschließend wird sie mit ein paar Bindungen Mull fixiert (b). Wenn man kein Pflaster hat oder es nicht benutzen kann (Stichwort Regen) kann man einen kleinen Trick anwenden. Um die Mullbinde zu fixieren, einfach einen Finger auflegen und die Mullbinde einmal entgegengesetzt abwickeln (c). Dadurch bildet sich eine kleine Schlaufe.

Durch diese kleine Schlaufe kann man dann die Mullbinde stecken (d) und braucht anschließend nur noch das Ganze mit einem Knoten zu fixieren (e).
Mit der Verbandsschere aus dem Erste-Hilfe-Kasten kann man die Mullbinde der Länge nach ein Stück einschneiden, damit man zwei Enden bekommt. Die lassen sich dann auf der Wunde verknoten und die Wundauflage ist sicher fixiert.

Insektenstiche

Wenn der Hund sein Verhalten plötzlich und unerwartet verändert, sollte man einen Insektenstich in Betracht ziehen. Der Hund muss nicht „wie von der Tarantel gestochen" jaulen und umherspringen. Der Hund kann sich auch ungewöhnlich viel lecken oder reiben.
In dem Fall sollte man sich den Hund einmal genauer anschauen und ihn nach Einstichen absuchen. Dazu streichen wir das Fell gegen die Wuchsrichtung, damit wir einen ungestörten Blick auf die Haut bekommen.
Fällt uns dann etwas auf, wie gerötete und/oder geschwollen Haut mit Anzeichen eines Stiches, sollten wir den Hund mindestens 30 Minuten lang gut im Auge behalten. Verschlechtert sich sein Zustand, sollte er dem Tierarzt vorgestellt werden.
Wenn der Hund im Bereich des Fangs gestochen wird, macht man sich direkt auf den Weg zum Tierarzt. Denn so eine Einstichstelle schwillt an und wenn es schlecht läuft, verhindert die Schwellung die Atmung. Besser, man sitzt beim Tierarzt und es passiert nichts, als umgekehrt.

Bei einem Insektenstich kann es – wie hier am Fang des Hundes – schnell zu einer Schwellung kommen.

Exkurs zum Thema Schock

Ich habe mich bei meinen Gedanken, was in das Buch gehört, eigentlich gegen das Thema Schockarten entschieden. Das Thema kann man sehr ausführlich gestalten, das bringt einem als Ersthelfer am Schluss aber wenig. Alle Schockformen haben jedoch eines gemeinsam: Es besteht ein Missverhältnis von benötigter und verfügbarer Menge an Sauerstoff. Das möchte ich in aller Kürze an zwei Schockformen verdeutlichen.

- ***Volumenmangelschock***

Im Grunde sagt es das Wort schon. Es steht zu wenig Volumen zur Verfügung. Beispielsweise bei schweren Blutungen ist dann einfach nicht mehr genug Blut im Körper.
Lösung → Blutung stoppen

- ***Kardiogener Schock***

Kardio bedeutet: das Herz betreffend. In diesem Fall hat der Körper ausreichend Blut zur Verfügung, das Herz ist aber nicht in der Lage, es durch den Körper zu pumpen.
Lösung → Herz-Druck-Massage

Wir müssen aber keine Diagnosen stellen. Für uns ist nicht wichtig, welche Schockform vorliegt. Für uns ist interessant, welches Symptom zu Schaden führen kann und wie wir auf dieses Symptom reagieren.

Auf eine Schockform möchte ich dann noch besonders hinweisen. Diese tritt durch Allergien auf, welche wiederum durch unglaublich viele Stoffe ausgelöst werden, die uns umgeben.

- ***Anaphylaktischer Schock***

Er ist die schwerste Form der allergischen Reaktion. Dabei wird das Ausmaß der Anaphylaxie (allergischen Reaktion) in vier Graden angegeben:

- *Grad 1: Niesen, Husten, Quaddeln, Juckreiz, Hautrötung, Ödeme, schneller Puls*
- *Grad 2: Beklemmung, Dyspnoe, Bauchkrämpfe, gestaute Halsvenen, Blutdruckabfall*
- *Grad 3: Schwere Luftnot, Krampfanfälle, Durchfall, Eintrübung, starker Blutdruckabfall*
- *Grad 4: Blaue/blasse Haut, Verlust des Bewusstseins, Puls nicht tastbar, Herz-Kreislauf-Stillstand*

Bei den anderen Schockformen können wir – im Rahmen unserer Möglichkeiten – etwas tun, was den Verlauf verzögert und dem Wohl des Hundes zugutekommt. Beim anaphylaktischen Schock können wird dem Hund nur helfen, indem wir die Allergenzufuhr stoppen und ihm Trost und Sicherheit spenden. Es geht um Zeit.

Das bedeutet für uns als Ersthelfer, dass wir unseren Hund direkt einpacken, wenn er Symptome entwickelt, die nicht mehr lokal auf die Einstichstelle begrenzt sind. Ist eine schwere Allergie beim Hund bekannt, kann er vom Tierarzt Notfallmedikamente bekommen.

Bienenstachel bleiben übrigens in der Haut stecken, da sie einen Widerhaken haben. Die Biene reißt sich den Stachel selbst raus und stirbt dann auch. Dabei bleibt der Giftbeutel am Stachel. Es ist daher nicht ratsam, den Stachel mit den Fingern zu entfernen. Der Beutel könnte sich weiter entleeren.

Man findet unterschiedliche Ratschläge dazu, wie der Stachel entfernt werden soll. Die einen sagen, mit der Pinzette, andere raten davon ab, könnte sich doch dabei auch wieder der Beutel entleeren.
Man kann den Stachel auch entfernen, indem man mit der Kreditkarte fest über die Haut geht. Nach meinem Verständnis kann sich auch dabei der Beutel entleeren.
Wenn man mich persönlich fragen würde, ich würde die Pinzette nehmen. Aber man muss ja mit dem arbeiten, was man hat.

Die Einstichstelle kann man dann gut mit Wärme behandeln. Hierfür gibt es spezielle Stifte, die sich erwärmen. Unter den Bezeichnungen „Stichheiler", „Wärmestift" oder ähnlichen Namen sind sie im Handel erhältlich. Sie sind leicht anzuwenden: einfach einschalten und kurz auf den Stich halten. Bei Temperaturen über 50 °C zerfallen die Eiweißmoleküle des Bienengifts und die Symptome werden gelindert.
Danach kann man die Einstichstelle noch kühlen und in der Apotheke erhältliche geeignete Cremes oder Salben verwenden.

Zeckenbisse

Dass Zecken Krankheiten übertragen können, ist bekannt. Wir besprechen aber die Krankheiten nicht im Einzelnen, das würde den Rahmen hier sprengen. In vielen Büchern oder auf Internetseiten findet man ausführliche Informationen über Borreliose, Anaplasmose, Babesiose und Ehrlichiose.

Heutzutage macht es auch keinen Sinn, über ausgewiesene Zeckengebiete zu sprechen. Denn das kann sich ständig ändern, vor allem wenn sich das Klima und die Durchschnittstemperatur in unseren Breitengraden immer weiter verändern.

Auch wenn man in einer Gegend wohnt, wo Zecken nicht so häufig auftreten, sollte man bedenken, dass man nicht das ganze Hundeleben an einem Ort verbringt, sondern mit dem Hund auch durch Deutschland und Europa reist und sich dabei auch in typischen Zeckengebieten aufhalten kann. In Südeuropa sind auch Stechmücken ein großes Thema, die Leishmaniose übertragen können. Leishmaniose ist nicht heilbar.
In der Realität ist es halt doch oft so, dass die Urlaubsfreude überwiegt und Zecken in den Hintergrund geraten. Das kleine Einmaleins rund um die Zecke geht uns daher alle an.

Zecken sind ab einer Temperatur von etwa 8 °C aktiv. Daher ist am ehesten zwischen Februar und November mit ihnen zu rechnen. Allerdings kann es in warmen Wintern auch im Winter zum Auftreten von Zecken kommen.

Ideal ist es, wenn man die Zecke komplett entfernen kann, wie hier mit einer Zeckenzange.

Anders als oft geglaubt wird, fallen Zecken nicht von Bäumen. Sie sitzen auf erhöhten Positionen vom Boden, zum Beispiel an Gräsern und in Sträuchern, und halten sich an ihrem Opfer fest, wenn es beim Vorbeilaufen die Pflanzen streift. Daher ist das Absuchen nach Zecken nach jedem Gassigang im Wald oder auf Wiesen quasi Pflicht.

Auch wenn Zecken etwa 18 Stunden brauchen, um Borreliose auf den Menschen zu übertragen, sollten sie dennoch schnellstmöglich entfernt werden, da Krankheiten wie FSME sofort übertragen werden können. Sucht man den Hund direkt nach dem Gassigang ab, erwischt man die Zecken häufig noch dabei, wie sie sich auf dem Hund bewegen. Dann können sie einfach aus dem Fell abgesammelt werden.

Hat sich eines der Biester dann doch festgebissen, kann man sie leicht entfernen, indem man direkt an der Haut leichten Zug auf die Zecke ausübt und diesen etwas bestehen lässt. Dann hat die Zecke Zeit loszulassen. Dafür gibt es spezielle Zangen oder auch Karten und im Notfall tun es auch die Fingernägel. Für den ungeübten Anwender bietet sich die Nutzung der Karten an.

Nach der Entfernung der Zecke prüft man, dass keine Teile der Zecke im Hund stecken geblieben sind, und desinfiziert die Einstichstelle.

Sollte mal etwas stecken bleiben, kann man das einfach in Ruhe lassen, desinfizieren und beobachten. Ein Herumstochern würde die Lage meist nur verschlimmern.

Im Anschluss daran beobachtet man die Einstichstelle für einige Tage gut, dafür bietet sich eine Fotodokumentation mit dem Handy an. Die Rötungen von einem Zeckenbiss können bis zu 14 Tage anhalten. Sollte die Rötung sich dann vergrößern und typischerweise in der Mitte verblassen, sollte ein Tierarzt zur weiteren Abklärung aufgesucht werden.

Bekommt der Hund zeitnah zum Zeckenbiss Symptome wie Fieber, Krämpfe oder Bewusstseinsveränderung, sollte er sofort einem Tierarzt vorgestellt werden.

Achtung!

Auf keinen Fall sollte die Zecke mit Öl oder Klebstoff bestrichen werden. Im Todeskampf würde die Zecke vermehrt Speichel in die Wunde abgeben, wodurch die Gefahr der Übertragung von Krankheiten erheblich erhöht wäre.

Aufnehmen von Fremdkörpern

Hunde zerkauen gerne alles Mögliche, nagen an ihrem Spielzeug, rennen durch eine Wiese – dies alles sind Situationen, in denen Fremdkörper aufgenommen, verschluckt oder sogar eingeatmet werden können. Das kann je nach Situation zu einer ernsten Gefahr für den Hund werden. Oft ist dann auch unsere Erste Hilfe erforderlich.

Verkeilen zwischen den Zähnen

Beginnen wir zunächst mit den Zähnen. Viele Hund kauen leidenschaftlich gerne auf Holz und Knochen. Dabei kann es durchaus sein, dass sich ein Teil davon zwischen den Zähnen verfängt. Der Hund kann es dann selbst nicht mehr entfernen und wird die ganze Zeit mit der Zunge und/oder den Pfoten versuchen, den Fremdkörper in Bewegung zu bringen.
Besonders die runden Markknochen können sich über die Zähne und den Fang legen oder sich in den Zähnen so verkeilen, dass sie nicht mehr einfach zu entfernen sind und der Hund im schlimmsten Fall in Narkose muss, damit der Knochen herausgesägt werden kann.

Verschlucken

Auch das Verschlucken von Holz- oder Knochenstücken kann zu Beschwerden oder sogar ernsthaften Verletzungen beim Hund führen. Daher sollte möglichst vermieden werden, dass der Hund Holz zernagt. Und auch Knochen sind nicht für alle Hunde geeignet, da sie vor dem Verschlucken häufig nicht klein genug zerkaut und oft Stunden später auf demselben Weg wieder nach draußen befördert

Viele Hunde lieben es, Holzstücke und Äste durch die Gegend zu tragen. Das Zernagen und Verschlucken von Holz sollte aber unbedingt vermieden werden.

werden. Besonders gekochte Knochen splittern stark und können dann auch zu ernsthaften Verletzungen führen. Wenn Knochen verfüttert werden sollen, dann bitte nur im rohen Zustand und wenn der Hund sie gründlich zernagt.
Aber auch kleine Hundespielzeuge oder Teile davon können schnell verschluckt werden und bieten somit auch eine Gefahr.
Um das Nagebedürfnis des Hundes zu befriedigen, gibt es im Handel eine vielfältige Auswahl an alternativen Kauartikeln, die unbedenklich sind und stattdessen angeboten werden können.

Wie schnell kann es gehen, dass der Hund etwas für ihn vermeintlich Leckeres verschluckt. Im schlimmsten Fall kann er sich dadurch verletzen oder vergiften.

Ist der Fremdkörper noch gut im Maul oder Rachen zu sehen, kann man ihn eventuell mit den Händen entfernen, aber ohne Gewalt, denn der Hund soll ja seine Zähne alle behalten und nicht verletzt werden.
Ob man aber dem Hund ins Maul greift und versucht, den Fremdkörper zu packen, ist immer eine Einzelfallentscheidung. Traue ich mich, meinem Hund tief ins Maul zu fassen? Gibt das Maul dafür genügend Platz her (Zwerghunde) oder kann ich den Fremdkörper überhaupt greifen? Schließlich kann es auch passieren, dass der Fremdkörper weiter in die Luftröhre geschoben wird. Wenn ich nicht sicher bin, dass ich den Fremdkörper greifen kann, der Hund dabei aber noch ausreichend atmet, ist der Weg zum Tierarzt die beste Lösung.

Hat der Hund bereits einen Fremdkörper verschluckt, kann man den Hund nur noch gut beobachten. Traut sich der Halter zu, die Lage zu beurteilen, ob der Fremdkörper von allein wieder rauskommt, ist eine Vorstellung beim Tierarzt nicht zwingend notwendig.

Anders ist das, wenn der Fremdkörper den Hund gefährden könnte, wie beispielsweise Nadeln. Sie können durch die Darmwand dringen und Stuhlgang in die Bauchhöhle gelangen lassen.
Ein weiteres Beispiel sind Knopfzellen. Sie können die Speiseröhre schwer verätzen. Auf dem Weg zum Tierarzt kann man dem Hund in dem Fall alle 10 Minuten etwas Honig geben. Dieser isoliert die Batterie und es kommt nur zu einer eingeschränkten Reaktion zwischen Batterie und Speiseröhre.

Habe ich den Verdacht, dass mein Hund einen Gegenstand gefressen hat, der ihm schaden kann, ist der einzig richtige Weg, ihn zum Tierarzt zu bringen. Alles andere verzögert nur die Vorstellung beim Arzt und erhöht das Risiko für Komplikationen.

Achtung!

Ich halte nichts davon dem Hund aus eigener Motivation heraus Sauerkraut zu geben, wie es oft empfohlen wird. Die Theorie besagt, dass es sich um Fremdkörper wickeln und dadurch den Hund schützen soll. Wenn Hunde Sauerkraut fressen sollen, müssen sie aber löffelweise daran gewöhnt werden, sonst kann es zu Blähungen und Magenverstimmungen kommen. Dem Hund dann direkt eine Dose Sauerkraut zu geben, ist zu viel auf einmal. Außerdem muss das Sauerkraut erst abgewaschen werden.
Kommt es aber zu Komplikationen und der Hund muss in Narkose gelegt werden, steigt dann das Risiko für einen Narkosezwischenfall stark an. Je mehr er gegessen hat und je weniger Zeit von der letzten Mahlzeit bis zur Narkose liegt, desto wahrscheinlicher erbricht der Hund bei der Narkoseeinleitung. Dieses Erbrochene kann dann wiederum in die Atemwege gelangen, was wirklich gefährlich ist.

Einatmen von Fremdkörpern

Fremdkörper, die der Hund einatmet, sind oft nur so groß wie Grannen oder kleine Grashalme, oft auch kleiner. Dafür machen sie im Zweifel die größeren Probleme. Schwillt der Atemweg zu, ist der Hund akut in Lebensgefahr. Oft macht sich das wie folgt bemerkbar:

- Der Hund würgt und versucht sich zu erbrechen.
- Er reibt sich ständig an der Schnauze.
- Leeres Schlucken
- Nasenbluten oder Ausfluss
- Niesen oder Husten
- Atemgeräusche und pfeifende Töne aus dem Rachen

Der Versuch, so einen kleinen Fremdkörper zu entfernen, verzögert nur die Zeit bis zur Vorstellung beim Tierarzt. Außerdem kann man den Hund mit Pinzetten und ähnlichen Werkzeugen zusätzlich verletzen. Die sofortige Vorstellung beim Tierarzt ist die einzig sinnvolle Maßnahme neben unseren oben erwähnten Basismaßnahmen.

Reanimation

Der Vollständigkeit halber wird an dieser Stelle der Reanimation ein extra Kapitel gewidmet. Es sei aber gleich gesagt, dass die Reanimation bei einem Hund in der Realität nur sehr selten erfolgreich ist.
Die Kollegen, Ausbilder, Trainer und Hundehalter, mit denen ich mich über das Thema ausgetauscht habe, waren sich oft nicht bewusst, dass man Humanmedizin und Veterinärmedizin in keiner Art und Weise miteinander vergleichen kann. Das Risiko für einen Hund, in einer allgemeinen Anästhesie, also einer Narkose, zu versterben, ist deutlich höher als bei einem Menschen.

Etwa 7 % der Hunde, die in einem klinischen Setting, also während eines stationären Aufenthalts in der Klinik, reanimiert werden, können nach Hause entlassen werden.
Jeder zehnte bis zwanzigste Mensch, der außerhalb einer medizinischen Einrichtung reanimiert wurde, überlebt und wird nach der Behandlung aus dem Krankenhaus entlassen.
Somit sollte man sich mal überlegen, welche Überlebenschance ein Hund hat, wenn er außerhalb einer medizinischen Einrichtung einen Herz-Kreislauf-Stillstand bekommt, wenn nur 7 % danach aus der Tierklinik wieder entlassen werden.
Das bedeutet: Für die Überlebenschance des Hundes ist die Durchführung einer qualitativ hochwertigen Herzdruckmassage und Beatmung von größter Wichtigkeit. Doch wie soll man einen Hund unter Reanimationsbedingungen rechtzeitig in die Tierklinik bekommen?

Die Wiederbelebung beim Hund wird oft so dargestellt, dass es eine relative Wahrscheinlichkeit gibt, dass der Hund so ein Szenario überlebt. Dies ist aber in der Realität leider nicht so.
Was ich mir wünsche, ist, dass jeder eine Vorstellung davon hat, wie man das Wiederbeleben in der Praxis umsetzen kann. Ob man einen Hund reanimiert bzw. ihm eine verschwindend geringe Wahrscheinlichkeit des Überlebens durch eine Reanimation zukommen lassen möchte, muss jeder für sich allein entscheiden.

Bevor ich nun beschreibe, wie man eine Reanimation richtig durchführt, möchte ich noch kurz auf veraltete Methoden eingehen, die heute zwar nicht mehr angewandt werden (sollten), aber die der eine oder andere vielleicht doch noch irgendwo in Büchern oder im Internet findet.
Während veraltetes Wissen über die Erste Hilfe am Menschen immer weiter nach unten rutscht, wenn man im Internet danach sucht, bleibt das veraltete Wissen um die Erste Hilfe am Hund relativ weit oben stehen. Das führt dazu, dass auch heute noch viele Dinge mündlich weitergegeben werden, die bereits veraltet sind.

Exkurs

Aus meiner Sicht scheitert die bestmögliche Behandlung – wie so oft – am Geld. Kein Hundehalter ist (verständlicherweise) willens und in der Lage, die Kosten zu begleichen, die anfallen, wenn man seinen Vierbeiner behandeln würde wie in der Humanmedizin.
In der Humanmedizin sind bei einer allgemeinen Narkose meist zwei Menschen dabei, die eine Fachausbildung haben: zum einen der Facharzt für Anästhesie und zum anderen die Pflegefachkraft für Anästhesie und Intensivmedizin. Zumindest kann man sagen, dass diese ausgebildeten Personen in der unmittelbaren Nähe sind.
In der Veterinärmedizin ist der Tierarzt in der Regel gleichzeitig Anästhesist und Chirurg für alles. In der Humanmedizin gibt es dagegen Bauchchirurgen, Unfallchirurgen, die sich um die Knochen kümmern, Herzchirurgen und so weiter. Das gibt es unter den Tierärzten nicht.
Genauso verhält es sich mit dem Assistenzpersonal. In der Tierarztpraxis sind die Mitarbeiter nicht nur medizinische Fachangestellte, sondern beschäftigen sich auch mit dem Abrechnungswesen, kümmern sich um die Krankenpflege der Tiere auf Station und assistieren noch bei der Narkose.

Auf einer Intensivstation in Deutschland sind wir in der Lage, das Blut aus dem Körper herauszuholen, außerhalb des Körpers mit Sauerstoff anzureichen und dem Körper wieder zurückzuführen. Dieser Vorgang (ECMO) ist unglaublich teuer und aufwändig.
In der Intensivpflege kümmert sich eine Pflegefachkraft um zwei Patienten und kann dabei auf ein wahnsinniges Arsenal an technischen Hilfsmitteln zurückgreifen.
Eine Intensivstation für Tiere sieht in der Regel so aus, dass der Hund Infusionstherapien in einer Box bekommt und dabei engmaschig beobachtet wird. Natürlich gibt es in der Veterinärmedizin die Möglichkeit, auch große und aufwändige Behandlungen durchführen zu lassen. Die Tierärztliche Hochschule Hannover führt beispielsweise teils wahnsinnig aufwändige Operationen durch, das ist aber in anderen Tierkliniken und Praxen eher die Ausnahme.
In der Realität zahlt der Praxis- oder Klinikinhaber für diese Leistung drauf. Diese personellen und materiellen Kosten sind von einem Tierhalter nicht zu stemmen.
Es ist also bei Weitem nicht so, dass durch die Tiermedizin das große Geld gemacht werden kann. Wer als Mediziner reich werden möchte, ist in der Tiermedizin falsch. Das Engagement, das Tiermediziner und tiermedizinische Fachangestellte zeigen, sucht in den meisten Fällen seinesgleichen und mir persönlich bleibt nichts anderes übrig, als vor diesen Menschen den Hut zu ziehen.

Für dieses Buch war ich bemüht, Zahlen darüber in Erfahrung zu bringen, wie viele Hunde eine Reanimation überleben, die außerhalb eines klinischen Settings stattgefunden hat. Ich habe persönlich mit der tierärztlichen Hochschule Hannover, mit der Deutschen Veterinärmedizinischen Gesellschaft (DVG), mit Recover (die sich im englischsprachigen Raum dafür einsetzen, evidenzbasierte Leitlinien zu schaffen) und mit einigen anderen Institutionen gesprochen. Niemand konnte mir dazu Zahlen geben.

Die häufigsten Irrtümer

- **Präkordialer Faustschlag**

Dabei wird mit viel Kraft auf den Brustkorb des Hundes geschlagen, um das Herz wieder im Takt schlagen zu lassen. Es gibt keine Hinweise darauf, dass dieser präkordiale Faustschlag die Überlebenswahrscheinlichkeit steigert. Eher verzögert er qualitativ hochwertige Kompression.

- **Pulsfühlen**

Das Pulsfühlen ist bei Hunden, die bei Bewusstsein sind, eine gute Maßnahme, um sich einen Überblick über ihren Zustand zu verschaffen. Im Rahmen der Reanimation verzögert das Pulssuchen lediglich die Zeit, bis mit den Reanimationsmaßnahmen begonnen wird. Das Ertasten des Pulses braucht viel Übung. Und wie will man in dieser Stresssituation einen schwachen Puls fühlen?

- **Beatmung durch die Kompression des Brustkorbs**

Die Kompression ist die wichtigste Maßnahme bei der Reanimation. Dadurch wird das Blut in Fluss gehalten und gelangt von den Bereichen, die weniger Sauerstoff verbrauchen, zu den Bereichen, die mehr Sauerstoff verbrauchen. Dadurch wird aber keine Beatmung erzielt. Das Volumen an Luft, was sich hin und her bewegt, bewegt sich im sogenannten Totraum. Der Totraum ist der Raum, der nicht am Gasaustausch beteiligt ist, zum Beispiel die Luftröhre. Für eine effektive Beatmung muss der Hund mit Mund zu Nase oder Mund zu Mund beatmet werden.

- **„Drücken Sie dreimal fest auf den Brustkorb“**

Damit das Blut anfangen kann zu fließen, benötigt es einen gewissen Druck. Mit drei Kompressionen lässt sich nicht ausreichend Druck im Gefäßsystem aufbauen. Anschaulich lässt sich das machen durch eine Wasserpumpe in einem Brunnen, an der man nur drei Pumpbewegungen macht. Das Wasser steigt aus dem Brunnen in der Pumpe nach oben, es genügt aber nicht, um Wasser bis in die Schüssel fließen zu lassen. Daher wird immer mit 30 Kompressionen reanimiert.

Die richtige Durchführung der Reanimation

Nachdem Sie nun erfahren haben, wie man eine Reanimation nicht durchführen sollte, kommen wir dazu, wie man es richtig macht.
Wenn bei der Überprüfung von Atmung und Kreislauf keine Lebenszeichen festzustellen sind, wird unverzüglich mit der Reanimation begonnen.

Keine Atmung / Kein Kreislauf

↓

Notruf

↓

30 x Kompressionen des Brustkorbs

↓

2 x Beatmung

↓

Weiter mit 30 : 2

↓

Transport in Tierklinik

Man kann jetzt darüber diskutieren, welche Lagerung bei einer Reanimierung am besten für den Hund ist. Ob das aber einen echten Einfluss auf das Ergebnis hat, ist fraglich. Wichtig ist, dass wir das Herz dazu bekommen, Blut auszuwerfen.

Herzdruckmassage

Es ist anzustreben, die Herzdruckmassage zu keinem Zeitpunkt zu unterbrechen. Man muss also überlegen, wie man den Hund unter konsequenten Reanimationsbedingungen in eine Tierklinik bekommt. Dafür ist es besonders hilfreich, im Vorfeld zu wissen, ob es mobile Tierärzte gibt, die zu ihren Patienten rausfahren. Hierfür sollte man die wichtigsten Telefonnummern immer parat haben, indem man sie zum Beispiel am Halsband oder in einem am Halsband befestigten Anhänger notiert.

Liest man etwas über die Brustkorbkompression, findet man oft Angaben wie „drücken Sie den Brustkorb stark bis sehr stark ein". Ich kann mit solchen Angaben aber relativ wenig anfangen, weil stark und sehr stark für jeden etwas anderes bedeutet. Daher würde ich dazu raten, den Brustkorb mindestens ein Drittel bis etwa zur Hälfte tief einzudrücken.
Viele denken nun, wenn sie ihren Hund betrachten, dass das kaum möglich ist. Allerdings muss man sich bewusst machen, dass man das Herz zusammendrücken möchte, damit das Blut aus dem Herzen herausgepresst wird. Bei einer zu geringen Brustkorbkompression findet kein Herauspressen aus dem Herzen statt und damit auch kein Blutfluss.

Im Rettungsdienst gibt es den Spruch: „Wenn die Rippen erst gebrochen sind, ist die Kompression leichter". Es ist tatsächlich sehr wahrscheinlich, dass man bei der Reanimation Rippen bricht, davon darf man sich aber nicht beeindrucken lassen. Es wird weiter reanimiert.

Auch ist es wichtig, den Brustkorb nach jeder Kompression wieder vollständig zu entlasten, damit das Blut auch ins Herz fließen kann und wir nicht das Herz dauerhaft zusammendrücken.
Dabei sollten wir beim Hund eine Frequenz von etwa 120 Kompressionen in der Minute erreichen, also ungefähr zwei pro Sekunde.

So würde im Ernstfall die richtige Herzdruckmassage aussehen.

Um eine Vorstellung davon zu bekommen, wie viel 120 Kompressionen in der Minute sind, habe ich hier eine Liste von Songs aufgeführt, deren Rhythmus etwa 100 bis 120 bpm (beats per minute, also Schläge pro Minute) entspricht.
Mit etwas Glück ist ein Song dabei, den man sich besonders gut merken kann oder den man gut kennt.

- Stayin' Alive von den Bee Gees
- Dancing Queen von ABBA
- Highway to Hell von ACDC
- The Inevitable Return Of The Great White Dope von Bloodhound Gang
- Der Biene Maya Titelsong von Karel Gott
- Sweet Home Alabama von Lynrd Skynrd
- Atemlos durch die Nacht von Helene Fischer
- Yellow Submarine von den Beatles
- Upside Down von Jack Johnson
- Another one bites the dust von Queen

Beatmung

Wie bei der Brustkorb-Kompression ist es auch bei der Beatmung schwierig, klare Aussagen zu treffen, wie viel notwendig ist. Leider kann ich bei der vom Hund benötigten Menge an Luft keine konkrete Angabe machen. Dafür ist die benötigte Menge an Luft zu sehr von der Größe des Hundes abhängig.
Bei der Beatmung ist es grundsätzlich so, dass wir vorsichtig beatmen. Der Gasaustausch, also die Versorgung des Körpers mit Sauerstoff, findet nur in den Lungenbläschen statt. Den Weg dahin, den Totraum, müssen wir mit unserer Beatmung erst überwinden.
Dabei müssen wir vorsichtig sein. Wenn wir mit zu viel Druck beatmen, sucht sich die Luft den geringsten Weg des Widerstandes und landet im Magen. Das hat zur Folge, dass uns bei der nächsten Kompression auf den Brustkorb der Mageninhalt entgegenkommt. Der Hund kotzt uns – im wahrsten Sinne des Wortes – an.

Große und mittelgroße Hunde beatmen wir, indem wir die Schnauze mit den Händen fest umfassen, damit keine Luft aus dem Maul entweichen kann.
Bei kleinen Hunden können wir einfach das ganze Maul in den Mund nehmen und dann beatmen.

Falls Sie jetzt dadurch etwas erschreckt sind – das ist in Ordnung. Ich erzähle das, weil ich möchte, dass man im Ernstfall weiß, was auf einen zukommen kann. Das ist nun mal die Realität. Ein Hund, der reanimiert wurde, steht auch nicht gleich einfach wieder auf.
Es ist wichtig, dass man die Reanimation nicht unterbricht, weil man der Meinung ist, etwas falsch gemacht zu haben.
Ich habe in meinem Leben bereits viele Menschen reanimiert und kann bestätigen, dass es wirklich normal ist, wenn der Patient in dem Moment erbricht oder mehrere Rippen brechen.

Beim Beatmen wird die Schnauze umfasst, damit keine Luft aus dem Maul ausweichen kann.

In so einem Fall ist es wichtig, die Nerven zu bewahren und wie ein Metronom die Maßnahmen weiter fortzuführen.

Die Maßnahmen werden zu keinem Zeitpunkt unterbrochen.

Das wirklich Allerwichtigste bei Notfallmaßnahmen ist es, Ruhe zu bewahren und zu handeln. Es ist besser, ein bisschen was falsch zu machen als überhaupt nichts zu tun. Bei Notfallmaßnahmen kann man keine Fehler machen. Der einzige Fehler, den man machen kann, ist Untätigkeit, denn dadurch geht die Überlebenschance des Hundes gegen Null.

Schlussendlich kann man nur jedem wünschen, dass er niemals in die Situation kommen muss, zu entscheiden, ob man reanimieren möchte oder nicht. Und wenn der Fall wirklich eintritt, kann man nur viel Glück wünschen und hoffen, dass es gut ausgeht.

Gut vorbereitet auf den Notfall

Erste Hilfe ist so viel mehr als die Hilfeleistung bei anderen. Wir dürfen uns auch selbst nicht aus den Augen verlieren. Wir sind dafür verantwortlich, selbst keinen Schaden zu nehmen. Wir sollten uns die Situationen so leicht wie möglich machen, indem wir Vorsorge treffen und genau wissen, wie wir uns schützen und regulieren können.
Wer gut vorbereitet ist, wird in der Situation, in der es darauf ankommt, weniger Stress empfinden und damit die Qualität der Maßnahmen damit enorm steigern.

In einem Notfall muss auf Sicherheit geachtet werden, bevor man den Notruf wählt und weitere Maßnahmen ergreift.

Notrufnummern

Wir hier in Köln sind sehr verwöhnt, was die Tierrettung betrifft. Wir haben alles, was man sich nur wünschen kann. Dazu zählen mobile Tierärzte, die in umgebauten Krankenwagen zum Halter kommen, Haustier-Taxis, die den Transport – beispielsweise zum Tierarzt – übernehmen und sogar die Feuerwehr Köln, die über einen eigenen Tiertransporter verfügt.
Wichtig ist, sich im Vorfeld über die jeweiligen Leistungen des Dienstanbieters zu informieren. So ist der Tiertransporter der Feuerwehr in Köln ein reines Transportfahrzeug für Tiere und nicht für deren Rettung ausgelegt.
In ländlichen Gebieten kann die Versorgung – was den Tiertransport angeht – ganz anders aussehen. Mancherorts gibt es überhaupt keine Möglichkeit, sein Tier durch einen Dienstleister transportieren zu lassen. In solchen Fällen bietet es sich an, sich privat zu organisieren.

Es ist natürlich sinnvoll, sich die Nummern, die man braucht, im Telefon einzuspeichern oder notiert als Karte im Portemonnaie zu tragen, aber häufig ist der Teufel halt doch ein Eichhörnchen. Schnell den Hund Pipi machen lassen, nur den Schlüssel gegriffen und dann passiert etwas. Mit etwas Glück kann man dann um Hilfe rufen oder einen Passanten ansprechen.
Ideal ist es, wenn man sich die wichtigen Nummern auch auf die Innenseite des Halsbands, der Leine oder auf das Mäntelchen schreibt, was der Hund trägt, oder beispielsweise auch in den Futterbeutel. Es gibt auch kleine Anhänger, die man am Halsband befestigen kann, in denen dann die wichtigen Nummern auf einem Zettel notiert aufbewahrt werden können.
Auch zu Hause sollten die wichtigen Rufnummern leicht zu finden sein. Man kann eine Liste zum Bespiel am Kühlschrank oder einer Pinwand aufhängen, sodass man schnell Zugriff hat und auch eine andere Person wie zum Beispiel ein Hundesitter sie schnell finden kann.

Welche Nummern sind sinnvoll?

Eine 24-Stunden-Bereitschaft lohnt sich für tierärztliche Kliniken und Praxen oft nicht. Es ist im Grunde eine fast schon ehrenamtliche Tätigkeit. Besonders in ländlichen Regionen sind diese Kliniken rar gesät. In größeren Städten gibt es dagegen häufig Tierkliniken, die auch Tag und Nacht erreichbar sind. Man sollte sich also im Vorfeld informieren, welche Telefonnummer im Notfall parat sein sollte.

Eine Auflistung der wichtigsten Notfallnummern

Haustierarzt

Tierklinik mit 24-Stunden-Bereitschaft

Haustier Taxi

Feuerwehr

Mobiler Tierarzt

Privatperson zum Transport

Wer kann den Hund nehmen, wenn es dem Halter nicht gut geht?

Sonstiges

Eigenschutz

Es klingt anfangs vielleicht etwas befremdlich, aber die Person, um die es in der Ersten Hilfe in erster Linie geht, ist der Retter.
Stellen Sie sich vor, Ihr Hund wird von einem Auto angefahren, Sie laufen hinterher, achten nicht auf den Verkehr und werden ebenfalls von einem Auto angefahren.
Damit verzögert sich nicht nur die Hilfe für den eigenen Hund, es werden auch mehr Personen und Ressourcen für die weitere Hilfe benötigt als vorher.
Darum greifen wir auch nicht dazwischen, wenn zwei Hunde miteinander raufen oder sich einander verbeißen. Verletzen wir uns dabei selbst, können wir unserem Hund keine Hilfe mehr zukommen lassen.
Der Eigenschutz schafft Sicherheit für alle Beteiligten. Der Ersthelfer schützt sich und den verunfallten Hund. Zum Beispiel durch die bessere Sichtbarkeit aufgrund einer Warnweste werden Unbeteiligte aufmerksam. Die Gefahr eines Folgeunfalls sinkt und die Unbeteiligten können zur Erstversorgung mit herangezogen werden. Unbeteiligte sind eine wichtige Ressource!

Das Vorgehen ist immer:

Eigenschutz → Notruf/Sofortmaßnahmen →
Erste Hilfe → Transport

Das Tragen einer Warnweste nach einem Unfall gehört zum Eigenschutz.

Zu den Maßnahmen des Eigenschutzes können gehören:

- Maulkorb oder Maulschlaufe, um zu verhindern, dass der Hund beißen kann. Vielleicht hat man auch noch einen Halskragen oder einen Eimer, den man dem Hund einfach über den Kopf stülpt. (Ja, der Eimer war anfangs auch für mich befremdlich, aber besser so, als selbst gebissen zu werden.)
- Absicherung der Unfallstelle (Warndreieck, Warnweste, Warnblinkanlage)
- Tragen von Handschuhen (Schutz vor infektiösen oder gefährlichen Flüssigkeiten)
- Abstellen von Maschinen und Geräten (z. B. Gartengeräte oder Auto)
- Feuer löschen (Kenntnis im Umgang mit Rettungsmitteln)

„Retter rennen nicht!"

Anders, als es im Fernsehen oft den Eindruck macht, rennen Retter tatsächlich nicht. Zügig gehen ja, rennen nein. Der Stress, der durch Notfallsituationen ausgelöst wird, hilft zwar dem Körper dabei, seine Leistungsfähigkeit zu steigern, aber bedauerlicherweise ist durch dieses hohes Stresslevel das Denken eingeschränkt.

Professionelle Rettungskräfte benutzen dafür einen kleinen Trick:

Das 10-für-10-Prinzip

Ist sich eine Rettungskraft nicht im Klaren, was sie als Nächstes tun soll, oder fühlt sie sich überfordert, wird sie für einen kurzen Moment innehalten, um das weitere Vorgehen zu planen und zu priorisieren. Sie nimmt sich 10 Sekunden Zeit, um in den nächsten 10 Minuten sicher zu handeln.
Man kann sich zum Beispiel die Fragen stellen, wie die Faktenlage ist, welche Strategien es gibt, was man selbst tun kann und welche Aufgabe man delegieren kann. Was muss zuerst erledigt werden? Was hat Zeit?
Das 10-für-10-Prinzip erhöht die Qualität der Maßnahmen und gibt dem Retter Sicherheit.
Diese 10 Sekunden sorgen dafür, dass weniger Maßnahmen vergessen werden und verkürzen die Zeit der Ersten Hilfe durch strukturiertes Handeln.

Maulkorb

Meiner persönlichen Meinung nach gehört das Training mit dem Maulkorb und der Maulschlaufe zum kleinen Einmaleins jedes Hundehalters. Der Maulkorb dient nicht nur dazu, vor dem Hund zu schützen, er schützt auch den Hund (dieser kann beispielsweise nicht mehr alles vom Boden essen) und der Maulkorb ist in einigen Bereichen des Lebens Pflicht. So ist das Tragen des Maulkorbs im öffentlichen Personennahverkehr und auf Fähren meistens Pflicht. Das interessiert immer keinen, solange nichts passiert. Stellen Sie sich aber vor, jemand tritt Ihrem Hund auf die Rute und dieser zwickt (verständlicherweise). Dann ist das Geschrei groß und wenn es richtig schlecht läuft, kostet das eine Menge Geld und das Veterinäramt wird Auflagen anordnen. Es gibt also kein Argument gegen das Maulkorbtraining.
Besonders verletzte Hunde, die starken Stress haben, verwirrt sind oder unter Schmerzen leiden, schnappen eher zu, als es sonst ihrer Natur entspricht. Sie erkennen nicht, dass wir ihnen Hilfe zukommen lassen möchten. Sie möchten sich vor uns schützen.

Wie baue ich das Maulkorbtraining auf?

Persönlich glaube ich, das Wichtigste für ein gutes Maulkorbtraining ist es, Voraussetzungen dafür zu schaffen, dass der Hund den Maulkorb gerne trägt. Dass der Maulkorb gut passt und gut sitzt, sollte daher selbstverständlich sein. Leider fällt es immer wieder auf, dass in den Zoofachgeschäften schlecht beraten wird. Die Hunde können nicht über den Maulkorb drüberschauen, er hinterlässt Druckstellen und oft ist das Trinken eingeschränkt. Es lohnt sich, in eine gute Beratung zu investieren.

Anfangs soll der Hund nur lernen, dass der Maulkorb etwas Gutes ist. Dazu muss der Hund den Maulkorb noch nicht aufsetzen, sondern sich positiv mit ihm beschäftigen. Katrin und Letty begleiten uns hier durch das Training (siehe Fotos).
Dazu haben wir Letty immer wieder kleine Leckerchen in/an den Maulkorb geworfen, damit sie diesen zur Seite schieben oder das Maul in den Maulkorb stecken musste, um an die Leckerchen zu gelangen.

Im zweiten Schritt verlängern wir dann die Zeit. Mit einer Hand wird der Maulkorb gehalten, in der anderen Hand hat man ein Leckerchen. Dann steckt man das Leckerchen nur so weit in den Maulkorb, dass der Hund kaum darankommt. Er muss sich Mühe geben, mit der Schnauze fest gegen den Maulkorb zu drücken, und bleibt dabei einige Zeit mit der Nase im Maulkorb.

Viele Hundehalter trainieren zwar mit ihrem Hund, übertragen das Trainierte dann aber nicht in den Alltag. Das sieht man bedauerlicherweise immer wieder und nicht nur beim Maulkorb-Training. Hunde lernen kontextbezogen und so muss das Erlernte auch generalisiert werden (an den verschiedensten Orten geübt werden). Wichtig ist, dass der Hund in der Lage ist, den Maulkorb im Alltag zu tragen. Dazu

Schon nach kurzer Zeit hat Letty immer wieder auf den Maulkorb geschaut und so darum gebeten, die Übung häufiger mit ihr zu machen.

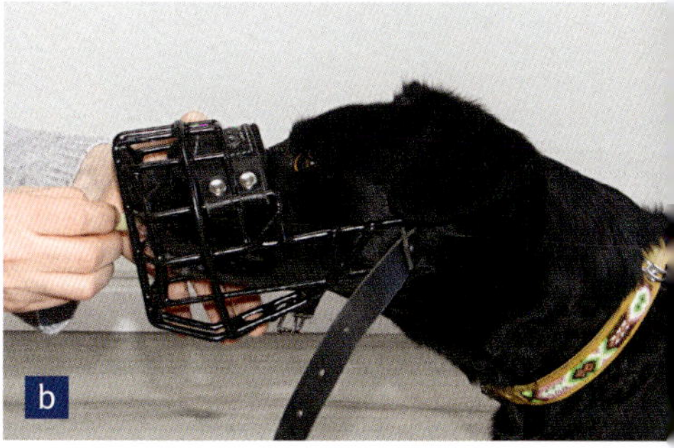

Hier ist schön zu sehen, wie sich Letty beim zweiten Schritt auf das Leckerchen konzentriert. Der Blick geht zum Leckerchen, ebenso sind die Ohren nach vorne gewandt.

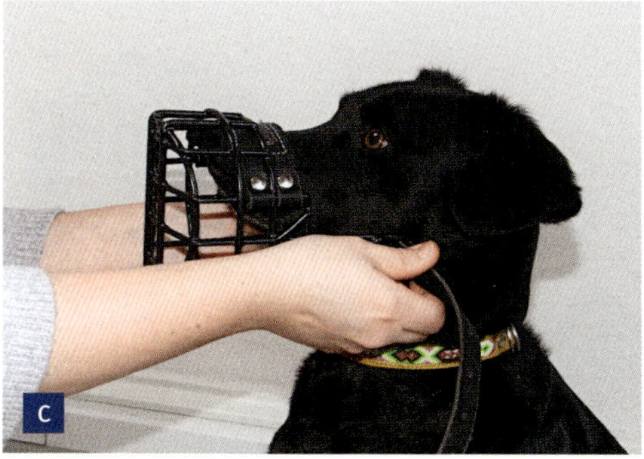

Wenn Letty einige Zeit im Maulkorb aushalten kann, wird sie daran gewöhnt, dass die Bänder geschlossen werden. Dabei werden die Bänder anfangs nur zusammengehalten, ohne sie wirklich zu verschließen.

Im letzten Schritt wird dann der Riemen geschlossen und der Zeitraum vom Tragen des Maulkorbs in die Länge gezogen.

soll er ihn auch immer wieder ohne speziellen Anlass zu unterschiedlichen Aktivitäten tragen. Es soll einfach normal sein bzw. werden.

Am besten ist es, wenn der Maulkorb in Situationen getragen wird, in denen der Hund besonders viel Spaß hat. Der Hund soll den Maulkorb einfach mal tragen, wenn er sich mit seinen Kumpels trifft oder er eine seiner Lieblingsaktivitäten mit seinem Halter macht. Es spricht auch nichts dagegen, den Maulkorb in der Wohnung zu tragen, wenn man zusammen auf der Couch liegt und der Hund dabei gekrault wird.

Die Hausapotheke

Grundsätzlich unterscheidet sich die Hausapotheke des Hundes nicht deutlich von der eines Menschen. Die Medikamente, die mein Schmitz damals regelmäßig genommen hat, habe ich auch in meiner privaten Hausapotheke mit untergebracht. Für mich war es weniger wichtig, die Medikamente streng zu trennen, sondern dass die Medikamente vor unbefugtem Zugriff geschützt sind. Tabletten habe ich eh meistens lose von meiner Haustierärztin bekommen und diese standen dann in einem Schraubgefäß verschlossen in der Hausapotheke.

Wichtig für eine Hausapotheke ist, dass man sie verschließen kann und dass sie in einer Höhe hängt, in der nicht jeder ständig darauf Zugriff hat, insbesondere kleine Kinder.
Genauso wie ich der Meinung bin, dass der Hund keinen eigenen Medikamentenschrank braucht, braucht er auch kein eigenes Verbandzeug. Es bietet sich an, einen Erste-Hilfe-Kasten oder eine Erste-Hilfe-Tasche zu kaufen, so wie man es vom Auto kennt. Da sind alle wichtigen Dinge drin und das meiste ist eh Einwegmaterial.

Wenn man dann noch ein paar kleine Utensilien in eine Box legt, ist man bestens gerüstet.

Gab es früher vor allem einen Erste-Hilfe-Kasten, werden heute häufig die leichteren Erste-Hilfe-Taschen verwendet.

Zu den Utensilien für die Box gehören:

- ungefärbtes Schleimhautdesinfektionsmittel wie Octenisept
- sterile Kochsalzlösung zur Reinigung
- Einwegspritze ohne Kanüle
- Socken, die beim Hund locker sitzen (um Verbände zu fixieren)
- Zeckenzange
- Fieberthermometer

Was nicht in eine Hausapotheke gehört!

Es gibt auch einige Dinge, die nicht in eine Hausapotheke gehören.
Eingefärbtes Desinfektionsmittel (wie Betaisodonna) färbt die Wunde ein und erschwert dem Tierarzt die Beurteilung der Wunde.
Kohletabletten sollten meiner Meinung nach erst nach Rücksprache mit dem Tierarzt genommen werden, weil sie die Beurteilung des Erbrochenen erschweren.
Reinigungslösungen braucht man in den seltensten Fällen, da tut ein wenig Baby-Öl oder Kochsalzlösung gute Dienste.

Von Hausmitteln halte ich generell sehr wenig. Ist der Hund krank, geht man zum Tierarzt und lässt sich beraten! Mit kleinen Wehwehchen kann man auch zum Tierheilpraktiker gehen.

Tierarzttraining

Ich persönlich finde es spannend, dass Menschen immer wieder auf der Suche nach Möglichkeiten sind, einen Hund innerhalb der eigenen Wohnung zu beschäftigen. Im Grunde wird dann aber oft Zeit einfach „verbrannt".
Viele Tipps, die man im Internet sieht, sind einfach nur dazu da, den Hund zu beschäftigen und auszulasten, haben aber keinen weiteren Nährwert wie zum Beispiel bei Hunden, die für bestimmte Aufgaben trainiert und ausgebildet werden. Warum also nicht mal etwas machen, woran der Hund Spaß hat, was im Nachhinein auch noch gut für die Beziehung von Hund und Halter ist und vor allem, was sich im Notfall als äußerst nützlich erweist?

Tierarzttraining ist eine gute Möglichkeit, um in einen Austausch und Kontakt mit seinem Hund zu treten. Bei den Pflegemaßnahmen streckt der Hund sich lang und genießt es, intensiv von seinem Halter gebürstet zu werden. Auch die regelmäßige Zahnpflege ist eine gute Übung. Beim Trainieren der Medikamenteneingabe leckt sich der Hund das Maul, weil es jetzt eine tolle Leckerei zwischendurch gibt, und bei den spaßigen Tierarztbesuchen baut der Hund Ängste ab und freut sich sogar vielleicht auf den nächsten Tierarztbesuch.

Darüber hinaus ist Tierarzttraining eine super Möglichkeit, bei schlechtem Wetter innerhalb der Wohnung etwas für die geistige Auslastung des Hundes zu tun.
Tierarzttraining kann also nur Vorteile bringen und keine Nachteile. Es gibt keinen Grund, das nicht zu üben.

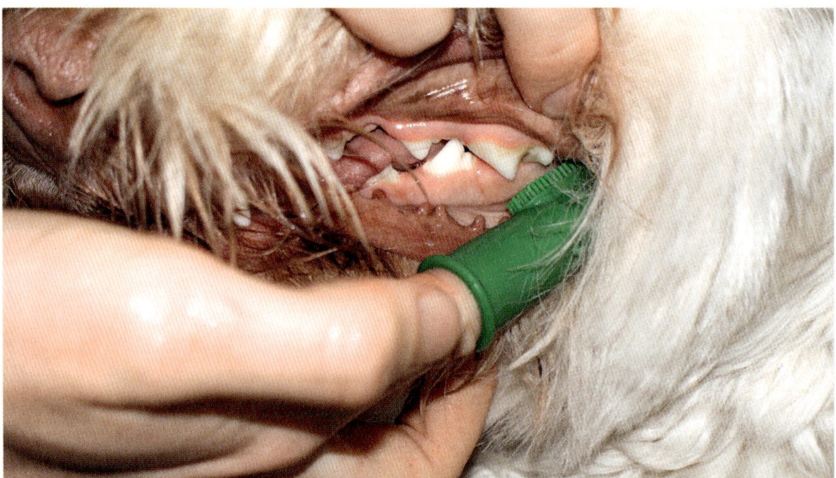

Ist der Hund schon an die Zahnpflege mit einem Fingerling gewöhnt, lässt er sich die Untersuchung von Maul und Zähnen beim Tierarzt leichter gefallen.

Der Praxisbesuch

Der Besuch in der Tierarztpraxis ist für die Hunde häufig mit hohem Stress verbunden. Bereits auf dem Weg werden die Tiere oft nervös, merken sie doch, dass wir auch nervös werden. Schon vor der Tür beginnt dann der Kampf mit dem Hund, der die Praxis am liebsten überhaupt gar nicht erst betreten würde.
Hunde sind so feinfühlige Wesen mit sensibler Wahrnehmung, dass sie eine Tierarztpraxis überhaupt nie betreten haben müssen, um Meideverhalten an den Tag zu legen. Sie haben es im wahrsten Sinne des Wortes in der Nase, dass ihre Artgenossen dort bereits jede Menge Spuren von teils höchstem und massivstem Stress hinterlassen haben.
Das muss aber überhaupt nicht sein! Man kann die Arztpraxis auch zu einem Wohlfühlort für den Hund umgestalten. Das reduziert Stress für den Halter und für den Hund.

Natürlich muss bei so etwas der Tierarzt vorab gefragt werden. Es ist schließlich seine Praxis mit seinem Hausrecht. Also macht man einen Termin ohne seinen Hund oder ruft an und fragt, ob das möglich wäre.
Wenn man in einer Tierarztpraxis Übungen macht, dann bietet es sich natürlich an, dass in den wenig frequentierten Zeiten zu machen. Die Tierarztpraxis ist ein Ort, an dem gearbeitet und Geld verdient werden muss, was man natürlich auch nicht stören möchte. Darüber hinaus ist es am besten, wenn die Praxis leer ist und keine anderen Tiere dort sind, die ihre Stresshormone produzieren.

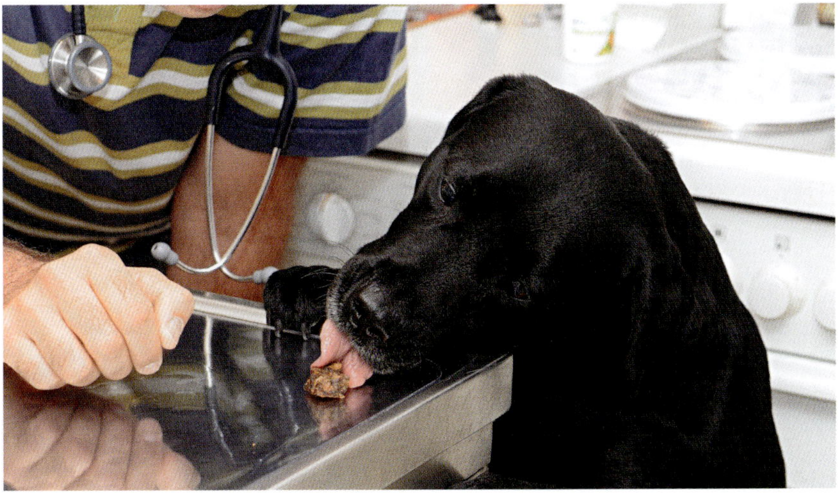

Mit einem tollen Leckerli macht es beim Tierarzt richtig Spaß!

Tierärzte und tiermedizinische Fachangestellte sind selbst daran interessiert, dass es dem Hund gut geht, wenn er Zeit in der Praxis verbringt. Die einfachste Art und Weise, dass Hund und Personal sich auf angenehme Art und Weise kennenlernen, ist, wenn das Praxispersonal dem Hund einfach zwischendurch mal (zum Beispiel nach jedem Patienten) ein Leckerchen gibt. Das genügt oft schon.

Man kann aber auch im Rahmen eines Beratungsgespräches einfach zusammen eine gute Zeit haben, zum Beispiel indem der Hund Leckerchen im Behandlungsraum suchen darf. Häufig wird das vom Praxispersonal als willkommene Abwechslung im Alltag auch angenommen.
Es bietet sich allerdings an, den Hund dadurch erst einmal an das Wartezimmer zu gewöhnen. Dazu muss man auch nicht direkt irgendwelche Spiele spielen oder sonst irgendetwas.

Wenn der Hund in der Lage ist, die Praxis zu betreten, kann man damit beginnen, ihn einfach nur für das ruhige Liegen oder Sitzen mit einem Leckerchen in unregelmäßigen Zeitabständen zu belohnen.
Ansonsten bieten sich natürlich Spiele an, von denen sich andere Tiere und Halter nicht gestört fühlen. Beispielsweise Übungen mit der MedicalMat, die wir später hier im Buch noch besprechen.

Wenn der Hund noch nicht in der Lage ist, die Praxis zu betreten, kann man sich zum Beispiel mithilfe eines Leckerchens immer näher an die Praxis heranarbeiten. Man wirft das Leckerchen eine individuelle Entfernung weit (zum Beispiel einen Meter) nach vorne und geht, nachdem der Hund das Leckerchen geholt hat, wieder einen halben Meter zurück. Auch die Entfernung ist für den Hund eine Belohnung. Er kann quasi mal durchatmen. So wird der Hund dafür belohnt, dass er den Mut hatte, nach vorne zu gehen, und kann den Stress auch direkt wieder etwas reduzieren.
Wenn man nicht möchte, dass der Hund vom Boden frisst, lässt man das Leckerchen von einer zweiten Person anbieten, die kann dann auch gleichzeitig motivieren. Insbesondere beim Umgang mit echter Angst ist es immer ratsam, einen professionellen Trainer zu Rate zu ziehen.

Wie baue ich generell eine Übung für den Hund auf?

Ich möchte an dieser Stelle gar nicht in die Lerntheorie abdriften, aber es gibt ein paar hilfreiche Hinweise, bei denen ich immer wieder feststelle, dass sie dem Halter noch nicht bekannt sind. Andererseits fällt immer wieder auf, dass man intensiv über die Inhalte spricht, der Halter sie aber nicht anwendet. Das ist besonders schade, da man es sich dadurch viel leichter machen könnte.
Befolgt man ein paar wenige, klare Regeln beim Training, erzielt man oft in kurzer Zeit große Erfolge.

Aufbau eines Verhaltens am Beispiel „Sitz“

In der Ausgangsposition steht der Hund links neben mir.
In meiner linken Hand halte ich ein Leckerchen so, dass der Hund nicht direkt drankommt, und ziehe die Hand langsam nach oben/hinten. Dabei halte ich die Hand stets an der Nase des Hundes. Während er mit dem Gesäß zu Boden geht, um das Leckerchen besser zu erreichen, folgt die Nase der Hand. Wenn das Gesäß den Boden berührt, bekommt der Hund das Leckerchen.

Mit Hand an der Nase beginnen die ersten Sitzübungen. Hierbei kann der Hund auch andere Positionen – je nach Situation – einnehmen.

Wir sind verpflichtet, es unserem Hund so leicht wie möglich zu machen. Das bedeutet, wenn die Hand an der Nase sein soll, sollen Hand und Nase am besten Kontakt haben. Hand an der Nase bedeutet Hand an der Nase und nicht 5 cm, 25 cm oder 50 cm weit weg. Im Zweifel fühlt sich der Hund sonst aufgefordert, nach dem Leckerchen zu springen.

Wir geben dem Hund die Chance zu verstehen, was wir von ihm möchten. Das bedeutet, dass wir die Hand ganz langsam führen, damit der Hund dieser Hand in aller Ruhe folgen kann. Im Gegensatz zu uns weiß der Hund noch nicht, wohin die Hand gehen wird, und braucht seine Zeit.

Wir starten mit den Übungen am besten in einer möglichst reizarmen Umgebung. Etwas ironisch sage ich immer, der schlechteste Ort, um ein neues Verhalten zu lernen, ist die Hundeschule. Dort sind so viele Eindrücke, Markierungen von Hunden, andere Hunde, andere Halter, ungewohnte Geräuschkulisse und vieles mehr. In der Hundeschule probiert der Halter sich aus, guckt, dass er die Übung verstanden hat, und beginnt seine Übung in aller Ruhe zu Hause, wo es für den Hund keine ungewohnten Reize gibt. Schon kleinste Störungen können den Hund aus der Konzentration reißen. Es genügt, wenn in einem Mehrfamilienhaus die Haustür auf- und zugeht.
Dann werden nach und nach weitere Reize und Störungen hinzugefügt. Beispielsweise wird das Sitz erst in einen anderen Raum verlegt, dann vor die Wohnungstür, dann vor die Haustür, dann auf den Bürgersteig, dann auf den gegenüberliegenden Bürgersteig und so weiter.
Wer zu Hause ein Kommando aufbaut und es als nächstes gleich auf der Hundewiese versucht, wird mit hoher Wahrscheinlichkeit scheitern.

Was tun, wenn der Hund nicht sitzen bleibt?
Im ersten Schritt verstärken wir ein Verhalten, indem wir es belohnen. An diesem Punkt hören viele Halter mit dem Training auf und bringen ihrem Hund damit bei, dass es erlaubt und gewünscht ist, direkt nach der Ausführung bzw. der Leckerchengabe das Kommando zu beenden.
Daher wird in einem normalen Trainingsaufbau das Verhalten verlängert, also in die Länge gezogen. Das funktioniert auch ganz einfach, indem die entsprechende Belohnung nicht mehr direkt mit dem Verhalten einhergeht, sondern erst verzögert gegeben wird. Erst eine Sekunde, dann zwei, dann drei, dann vier und so immer weiter bis zur gewünschten Dauer.

Tipp für besonders engagierte Hundehalter!

Man kann für das Sichtsignal genauso mit Karteikarten arbeiten, auf denen Zahlen geschrieben sind, oder beispielsweise mit Bildern aus einem alten Memory-Spiel. Diese Zeichen sind für den Hund besser zu deuten als der Finger, den wir ggf. auch mal etwas anders halten. Eine Karte oder ein Bild sieht immer gleich aus, unabhängig von unserer Tagesform oder der Person, die sie zeigt. Solche Sichtzeichen eignen sich besonders dann gut, wenn man viel mit dem Hund arbeitet und er viele verschiedene Kommandos erlernt.

Zuletzt wird auch nicht mehr jedes Verhalten belohnt, sondern eine individuelle Belohnungsfrequenz ermittelt. Diese intermittierende Belohnung führt dazu, das Verhalten zu festigen und weniger löschbar zu machen. Das kann zum Beispiel jedes dritte Verhalten sein oder auch jedes besonders schön ausgeführte Verhalten.

Die Konzentration von Hunden ist beschränkt.

Die Übungen mit Hunden sollten nur kurz andauern. Es ist besser, sechsmal über den Tag verteilt für fünf Minuten zu üben, statt intensiv eine halbe Stunde am Stück. Dabei sollte man schauen, dass jede Übung mit einem für Hund und Halter positiven Gefühl beendet wird. Das kann auch eine Wiederholung von bereits erlerntem Verhalten sein.

Jedes Kommando, das wir aufbauen, sollte mit einem unverwechselbaren Wort und Sichtsignal einhergehen. Ein Sichtsignal bedeutet nicht mehr, als zum Beispiel beim Kommandositz einen Finger hochzuhalten.
Bei den Wortkommandos bietet es sich an, kurze, knackige Wörter zu nutzen, die im normalen Sprachgebrauch möglichst nicht auftauchen. Viele Menschen nutzen dafür zum Beispiel eine andere Sprache oder Fachbegriffe.

Die Maulschlaufe

Die Maulschlaufe begegnet einem immer wieder als Maßnahme, um sich und das Umfeld vor Bissverletzungen zu schützen. Dabei ist sie eigentlich nur ein Notbehelf aus einer unelastischen Mullbinde oder einem Schal, deren Anlegen und Tragen im Prinzip genauso geübt wird wie beim Maulkorb.
Allerdings habe ich sie extra in den Bereich des Tierarzttrainings eingeordnet, ist sie doch in der Praxis mit Vorsicht zu genießen. Ein Hund, der wirklich um sich beißt, wird damit nicht zu stoppen sein, da müssen wir uns auf die oben erwähnten Maßnahmen mit dem Maulkorb verlassen. Fremde Hunde sind da immer besonders schlecht einzuschätzen und auch der eigene Hund kann plötzlich und unerwartet um sich beißen.

Dennoch lohnt sich der Aufbau. In erster Linie machen wir das Training natürlich für unseren eigenen Hund. Auch wenn wir damit nur wertvolle, positive und gemeinsame Zeit schaffen.
Wenn er es gewohnt ist, die Maulschlaufe zu tragen, ist die Chance hoch, dass er sie auch im Notfall akzeptiert. Schlussendlich müssen wir halt auch mit dem arbeiten, was uns zur Verfügung steht. Es ist aber im Zweifelsfall immer besser, auf Nummer sicher zu gehen und auf eine andere Maßnahme, wenn möglich, auszuweichen.

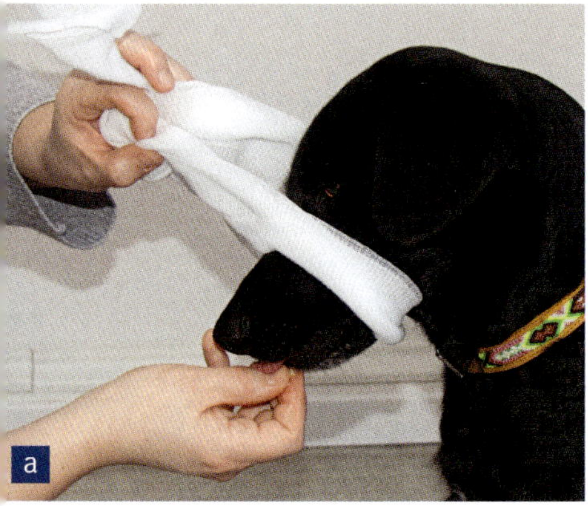

a

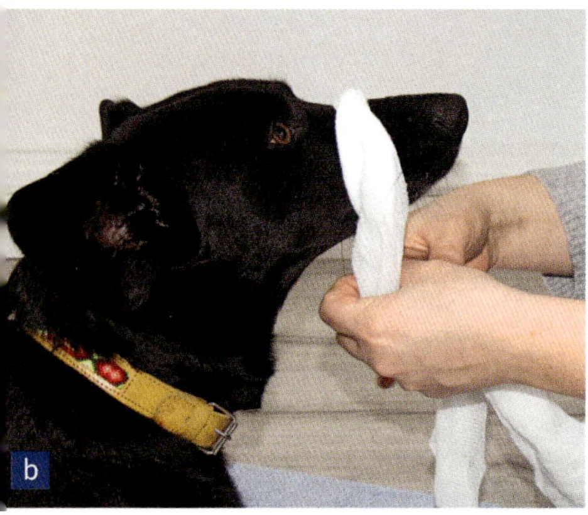

b

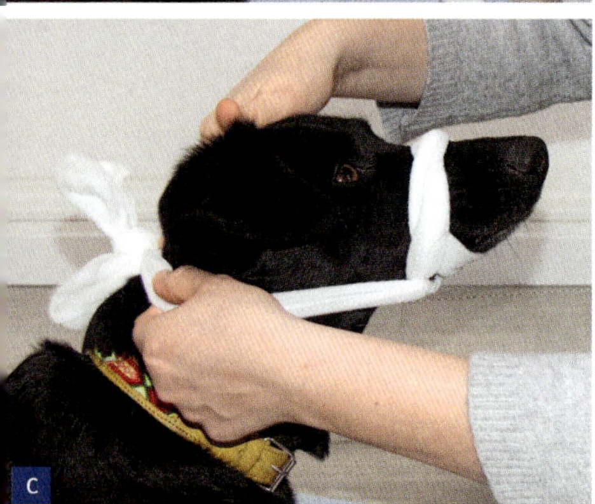

c

Es geht immer darum, dem Hund in kurzen Übungen verständlich zu machen, dass er sich nach einer Maßnahme besser fühlen wird. Dabei gehen wir immer kleinschrittig und achtsam vor.

In diesem Fall habe ich eine Mullbinde genommen und in der Hälfte zusammengelegt. Anfangs beginne ich nur damit, den Punkt zu belohnen, an dem der Hund die Mullbinde spürt (a).

Wenn ich das Gefühl habe, er findet das gut, binde ich die beiden Enden oben mit einem einfachen Knoten zusammen und führe sie unter das Maul. Dort wird die Schlaufe auch wieder mit einem Knoten gesichert (b).

Im letzten Schritt führe ich die Enden hinter dem Kopf zusammen und verknote sie dort (c).

Wichtig bei der Maulschlaufe ist, dass sie weit genug vorne am Maul befestigt wird. Ist die Maulschlaufe zu weit hinten befestigt, kann der Hund das Maul noch problemlos öffnen.

Zugegeben, die Hunde sehen dabei oft etwas gequält aus. Allerdings weiß der Hund, dass er jederzeit aus der Situation gehen kann. Für den Hund ist es eine Abwägung, ob er die „Qual“ über sich ergehen lässt, um später dafür belohnt zu werden, oder nicht.
Training ist Arbeit und bedeutet Lernen. Lernen macht nicht immer unbedingt Spaß, kann aber für den Hund trotzdem ein Gewinn sein. Beendet der Hund das Training, indem er beispielsweise aus der Situation geht, ist das Training auch für den Menschen beendet.

Wir benutzen an dieser Stelle eine Lernmethode, die sich Premack-Prinzip nennt. Dabei wird eine als negativ empfundene Aktivität mit einer als positiv empfundenen Aktivität gekoppelt. Ein einfacher Vergleich wäre ein Kind, dem Aufräumen keinen Spaß macht, das aber danach ein Eis essen darf.

Wichtig!

Bei Bewusstlosigkeit darf keine Maulschlaufe angelegt werden. Der Hund könnte erbrechen und das Erbrochene würde dann die Atemwege verlegen und in die Lunge eindringen.
Außerdem kann die Maulschlaufe meist vom Hund mit den Pfoten abgestreift werden. Es besteht also weiterhin eine Verletzungsgefahr für den Menschen.

Kinntarget

Das Kinntarget ist eine Übung, bei der der Hund lernt, seine Schnauze auf der Handfläche des Halters abzulegen. Solche Übungen sind für den Tierarztbesuch besonders sinnvoll. Der Hund ist abgelenkt, weil er sich auf eine Übung konzentrieren kann, und zusätzlich empfindet er Sicherheit, weil er etwas tut, was er beherrscht und wodurch er Kontakt zu seinem Menschen hat.
Aber auch bei den Pflegemaßnahmen zu Hause ist das Kinntarget hilfreich, beispielsweise wenn man den Hund durch eine zweite Person nach Zecken absuchen lassen möchte. Der Aufbau der Übung ist recht einfach und lässt sich in der Regel auch schnell erlernen.

Schritt 1:
In einer Hand hält man ein paar Leckerchen und mit der anderen Hand fasst man sanft und kurz von unten an die Schnauze des Hundes. In dem Moment, in dem die Hand die Schnauze berührt, bekommt der Hund das Leckerchen (Foto a nächste Seite). In der Regel sind dafür nur einige Wiederholungen notwendig.

Schritt 2:
In eine Hand nimmt man einige Leckerchen, die andere Hand bleibt leer. Beide Hände gehen hinter den Rücken. Nun kommt die leere Hand nach vorne, sodass sie nur wenige Millimeter unterhalb der Schnauze zu liegen kommt. Legt der Hund bereits die Schnauze in die Hand, wird er dafür belohnt (Foto b nächste Seite). Er muss dafür nicht mal aktiv die Schnauze in die Hand legen. Wenn er einen Schritt nach vorne macht, um an das Leckerchen zu kommen, können wir ihn auch dafür belohnen. Der Hund ist schließlich auf dem richtigen Weg.

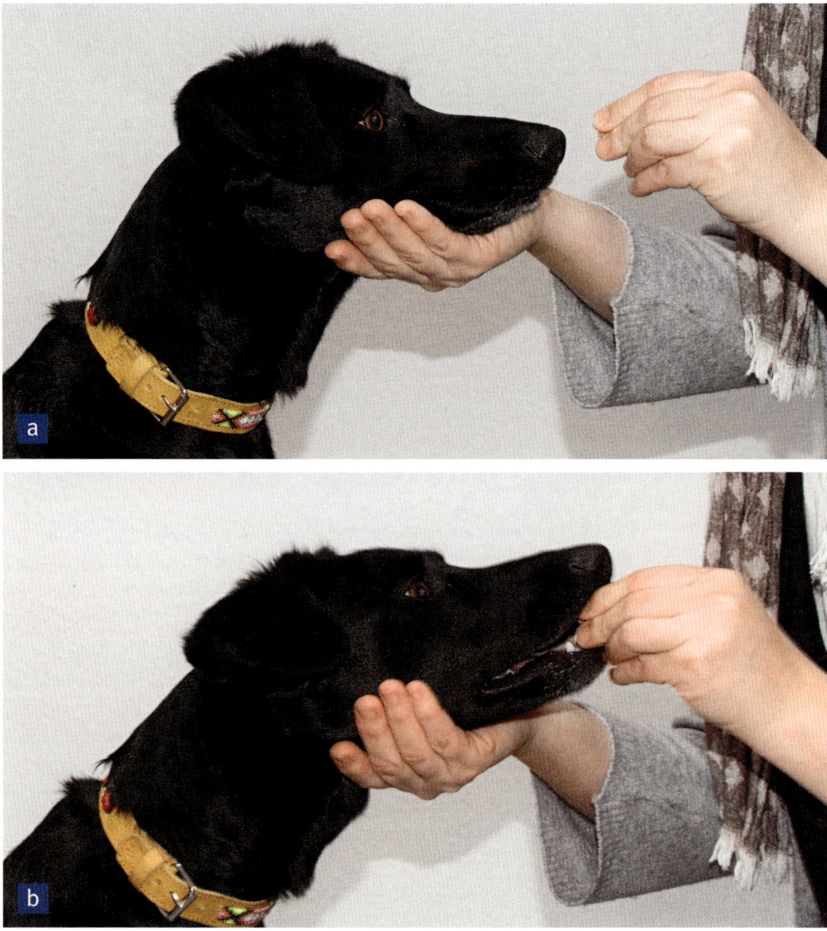

Gelegentlich ist ein Zwischenschritt notwendig. Dabei hält man die Hand auch wieder dicht an die Schnauze des Hundes und die Hand mit der Belohnung kommt bodennah zum Hund. Dann legt der Hund automatisch die Hand in die Schnauze, weil er Richtung Leckerchen blicken wird.
Danach verfahren wir wie bei jedem anderen Kommandoaufbau auch, indem wir die Zeit hinauszögern, nicht mehr jedes Verhalten belohnen und das Verhalten auch in den unterschiedlichsten Situationen abrufen und üben. Das Kommando als Wort führen wir erst ein, wenn der Hund das Verhalten sicher zeigt. Das gilt generell.

MedicalMat

Wie bitte? Was soll ein MedicalMat sein?
Mit der MedicalMat bauen wir einen Platz auf, an dem der Hund sich besonders wohlfühlt und damit Pflege und Behandlungen genießen kann.
Dafür brauchen wir nur ein Handtuch in der Größe des Hundes oder eine alte Decke. Ein Handtuch und eine Decke sind so gut zu transportieren, dass wir sie auch in ein Körbchen legen oder mit zum Tierarzt nehmen können.

Warum das Ganze?
Der Hund soll ein besonderes Wohlgefühl empfinden, die Matte mit Ruhe verknüpfen und vor allem wissen, dass er hier stets selbstbestimmt handeln darf. Wir wenden niemals Zwang wie Festhalten, Anleinen, am Halsband zur Matte führen oder Ähnliches an.

Wie gestalten wir das nun?
Im ersten Schritt machen wir dem Hund die Matte im wahrsten Sinne des Wortes schmackhaft. Dafür legen wir ihm über mehrere Tage mehrfach über den Teil verteilt ein paar besondere Leckerchen auf die Decke, die er sonst nicht bekommt. Wir haben unser Etappenziel erreicht, wenn wir beispielsweise nach dem Gassigang nach Hause kommen und der Hund als Allererstes zur Decke geht, um zu schauen, ob dort etwas ist, was ihm ein gutes Gefühl verschafft.

Hat der Hund die MedicalMat angenommen, vermitteln wir dem Hund auf der Matte ein angenehmes Körpergefühl, indem wir uns vor die Matte setzen und dem Hund ein gutes Body Feedback geben. Das kann beispielsweise durch liebevolles Bürsten oder Kraulen erfolgen.

Damit der Hund auch Selbstbewusstsein und Erfolgserlebnisse mit der Decke verbindet, spielen wir mit ihm das MedicalMat-Spiel. Bei diesem Spiel geht es darum, die MedicalMat mit einem guten Gefühl, Selbstbewusstsein, Erfolg und Ruhe zu verknüpfen.

Ausgangslage:
Der Hund befindet sich irgendwo im Raum, eine Matte liegt auf dem Boden.

Schritt 1 (siehe Foto a nächste Seite):
Wir nehmen ein Leckerchen in die Hand und stellen uns frontal vor die Decke, sodass unsere Zehenspitzen die Decke berühren. Gegebenenfalls erwecken wir die Aufmerksamkeit unseres Hundes, indem wir ihm beim ersten Schritt das Leckerchen noch zeigen. Kommt nun der Hund und berührt die Decke, wird er im selben Moment belohnt. Dazu gehen wir immer wieder von der Matte weg und beginnen die Übung neu.
Wenn er das immer wieder sicher macht, kommen wir zu Schritt 2.

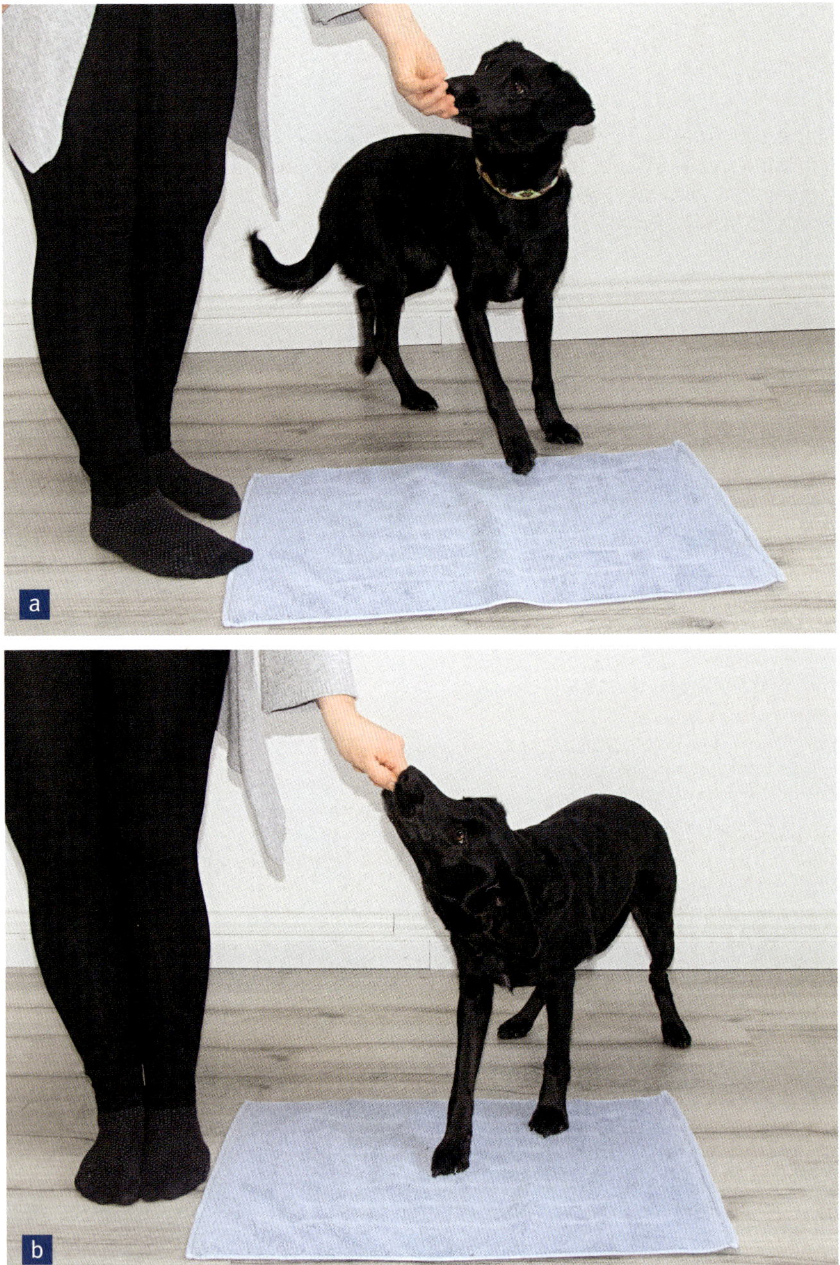

Schritt 2 (Foto b):
Nun kommt in der ganzen Übung die für den Hund größte Herausforderung. Er ist es gewohnt, von uns im Vorsitz belohnt zu werden.
Nun stellen wir uns seitlich zur Matte und belohnen den Hund, wenn er auf die Matte tritt. Dieser Schritt ist eine enorme Denkarbeit für den Hund und bedarf im Zweifel viele Wiederholungen, bei der immer wieder aus der Übung herausgegangen und neu eingestiegen wird. Dabei denken wir an unsere Verpflichtung, es dem Hund beim Training so einfach wie möglich zu machen. Gegebenenfalls verändern wir den Winkel zur Decke stets nur wenige Grad.

Schritt 3 (Foto c):
Nun werden wir uns langsam von der Matte entfernen und dabei immer wieder in unterschiedlichen Winkeln zur Decke stehen. Das machen wir so lange, bis wir im Türrahmen des Raumes stehen und der Hund von selbst auf die Decke geht. Auf dem Bild sieht man schön, dass Katrin sich nur wenige Zentimeter weit von der Matte entfernt und es Letty dadurch möglichst leicht macht, selbstständig auf die Lösung zu kommen.
Wir geben dem Hund immer wieder ein gutes Gefühl auf der Matte, ohne dafür eine Gegenleistung zu erwarten. Zur Erinnerung: Wenn wir Pflege und Behandlungsmaßnahmen am Hund durchführen, darf der Hund immer selbst entscheiden, wann es für ihn zu viel ist.

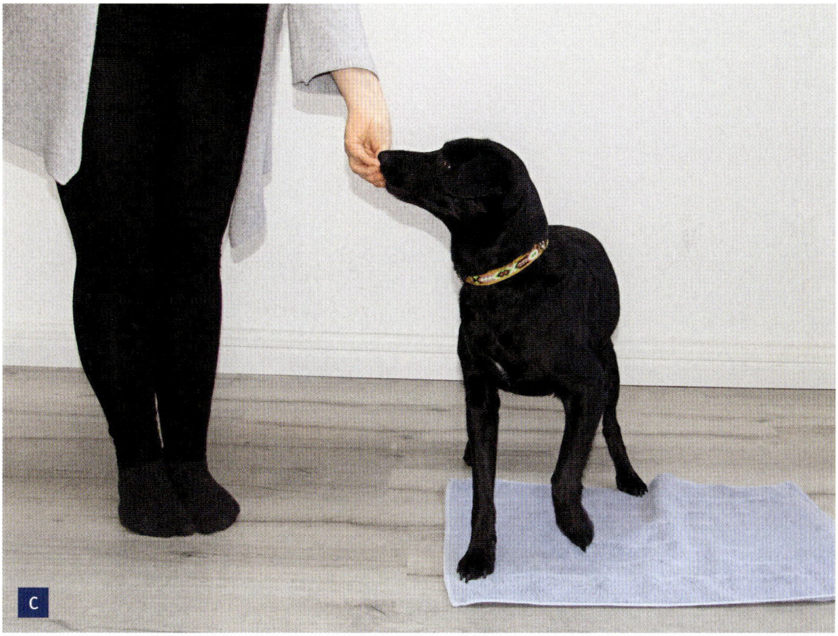

c

Wenn der Hund die Matte verlässt, haben wir seine individuellen Grenzen überschritten. Der Hund wird dann nicht auf die Decke gelockt oder verbal motiviert. Er entscheidet selbst, wann und ob er auf die Matte zurückkehrt. Dann beginnen wir unsere Maßnahmen noch einmal an einem Punkt, an dem der Hund sich gut fühlt, und belohnen sein ruhiges Aushalten nach seinen individuellen Bedürfnissen.

Die Durchführung von Maßnahmen auf der MedicalMat erfolgt erst dann, wenn eben diese Maßnahme auf eine positive Art und Weise vom Hund angenommen wurde.

Bis die Maßnahmen vom Hund erlernt wurden, ist die MedicalMat ein guter Platz, um die Beziehung und die Bindung zum Halter zu stärken, mehr über die Grenzen des Hundes zu erfahren und sich gegenseitig besser kennenzulernen.

Die Übung mit der MedicalMat kann man schon vom Welpenalter an durchführen und ist dann in Zukunft auch sehr hilfreich, wenn man irgendwo unterwegs ist.

Eingabe von Medikamenten

Einige Hunde mögen es überhaupt nicht, Medikamente zu sich zu nehmen. Leider wissen sie halt auch nicht, dass damit ein besonders wertvoller Nutzen für ihre Gesundheit einhergeht. Daher befassen wir uns jetzt mit der Eingabe von festen und flüssigen Medikamenten.

Feste Medikamente

Bei einigen wenigen Hunden ist es einfach, da sie die Tabletten von selbst annehmen. Andere nehmen sie einfach mit dem Futter auf.

Achtung!

Es ist aber dringend davon abzuraten, Tabletten zu zerkleinern, zu teilen oder Kapseln zu öffnen. Viele Tabletten sind Hightech-Produkte und geben ihren Wirkstoff zum Beispiel über lange Zeit oder erst an einem bestimmten Punkt im Körper (beispielsweise dem Dünndarm) ab.
Verändert man die Tablette oder Kapsel, verändert man auch die Art, in der die Tablette eigentlich wirken soll.

Es ist zwingend notwendig, wenn der Hund die Tabletten auf keinen Fall annehmen will, mit seinem Haustierarzt oder Apotheker Rücksprache zu halten. Man kann ein Medikament oft auch statt in Tabletten in flüssiger Form oder als Zäpfchen geben.

Mein persönlicher Lieblingstipp ist, die Tablette in ein Leckerchen einzuarbeiten.
Bei Hunden mit Unverträglichkeiten bietet sich auch an, die Leckerchen einfach selbst zu machen.
Wenn man mit seinem Haustierarzt Rücksprache gehalten hat, kommt es auch infrage, die bereits fertigen Medikamentenbällchen einzufrieren und bedarfsweise portioniert aufzutauen.

Mit dem Leckerchentrick lassen sich feste Medikamente gut verabreichen.

Der Hund bekommt immer als Vorbereitung ein Leckerchen in einer Größe, die er einfach schlucken kann. In dem zweiten Leckerchen befindet sich das Medikament. Zum besseren Verständnis habe ich auf dem Bild die Kapsel mal etwas aus der Kugel hinausschauen lassen. Das dritte Leckerchen ist die Belohnung für die Aufnahme.

Flüssige Medikamente

Flüssige Medikamente haben oft einen unangenehmen Geschmack und lassen sich nur schlecht unter das Futter mischen. Dann bietet es sich an, dem Hund die Medikamente mit einer Spritze zu verabreichen. Anders als bei den festen Tabletten erfordert das einiges an Vorbereitung.

Schritt 1:
Wir füllen eine Spritze beliebiger Größe (zwischen 2 ml und 20 ml) mit etwas, was der Hund gerne mag, in unserem Fall – wie bei den Bällchen – Leberwurst (a).
Diese geben wir dem Hund über die Spitze seines Mauls. Der Hund ist gewohnt, mit der Spitze des Mauls sein Futter und Wasser aufzunehmen (b).

Schritt 2:
Wenn wir uns sicher sind, den Geschmack des Hundes getroffen zu haben, wandern wir langsam, unter ständiger Futtergabe, Richtung Lefze und geben dem Hund das Leckerchen in die letzte Ecke des Mundwinkels (c).
Das hat den Vorteil, dass der Hund die Medikamente nicht mehr ausspucken kann. Der physiologische Schluckvorgang verhindert das.

Schritt 3:
Schritt 2 ist etwas, was in der Regel vom Hund sehr schnell erlernt wird. Hingegen ist Schritt 3 wieder eine Herausforderung. Diese Herausforderung muss achtsam und unter Wahrung der Grenzen des Hundes erfolgen.
Dazu reduzieren wir die Menge an Leckerchen in der Spritze immer weiter, bis wir nur noch Wasser in der Spritze haben. Der wichtige Teil daran ist, den Hund allein für das Wassertrinken zu belohnen.
Nun kann man die Aufnahme von Flüssigkeiten, die der Hund nicht gerne zu sich nimmt, von sehr stark verdünnt bis hin zu pur allmählich aufbauen.
Dazu wird die Konzentration der Flüssigkeit langsam immer weiter gesteigert und der Hund nach jeder Eingabe belohnt.

Das Prinzip kennen wir bereits von der Maulschlaufe. Auch da zeigt sich immer wieder, dass die Hunde anfangs von der Maßnahme wenig begeistert sind, sie die Maßnahme aber „ertragen", um die Belohnung zu bekommen. Wenn sie die Übung dann erlernt haben, sind sie mit Feuereifer dabei.

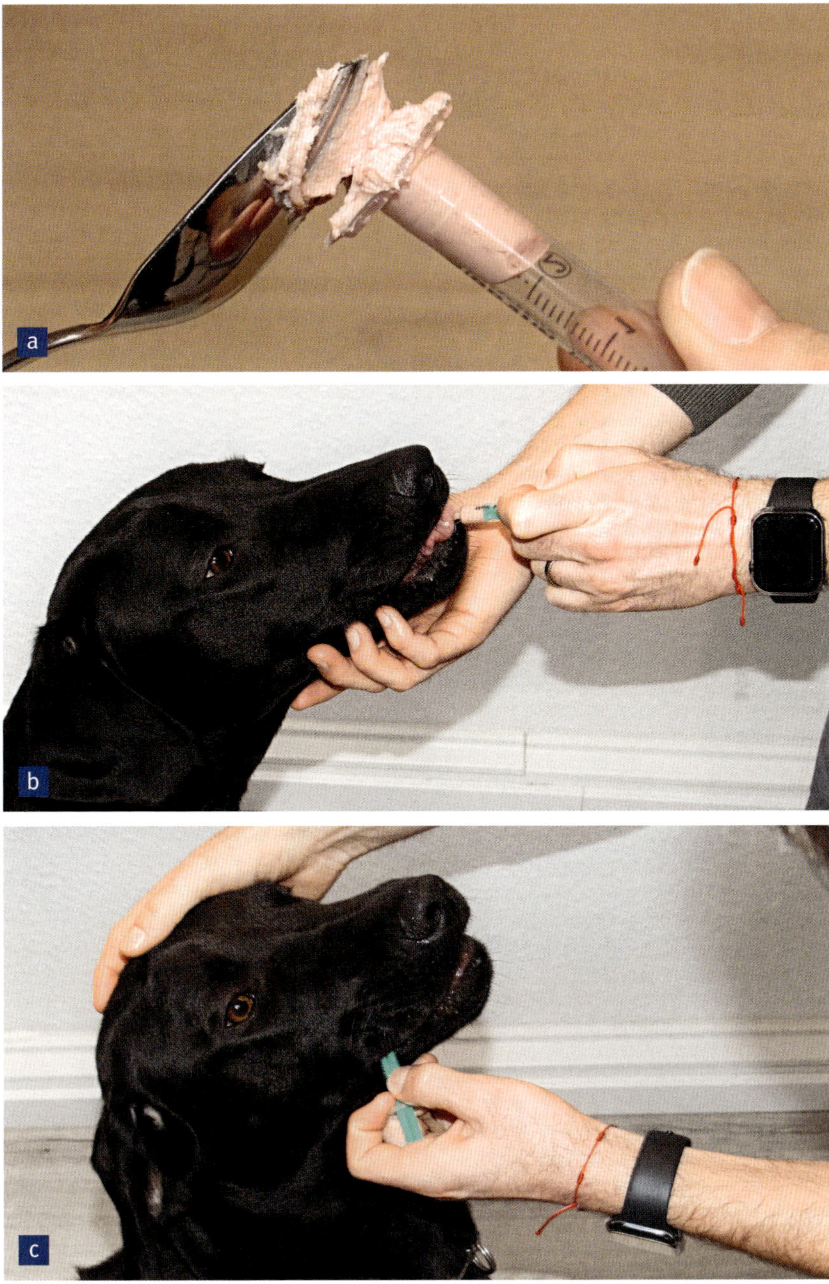
a
b
c

Weitere sinnvolle Übungen

Es macht für den Hund und den Halter nicht nur Sinn, sondern auch viel Spaß und festigt die Beziehung, wenn noch einige andere Dinge eingeübt werden. Eben dieser Spaß und die damit einhergehende Atmosphäre vermitteln dem Hund Sicherheit. Dabei ist die Einstellung des Halters entscheidend. Gehen wir als Halter schon gestresst zum Tierarzt, wird der Hund ebenfalls gestresst sein. Daher ist das Training nicht nur für den Hund gut.

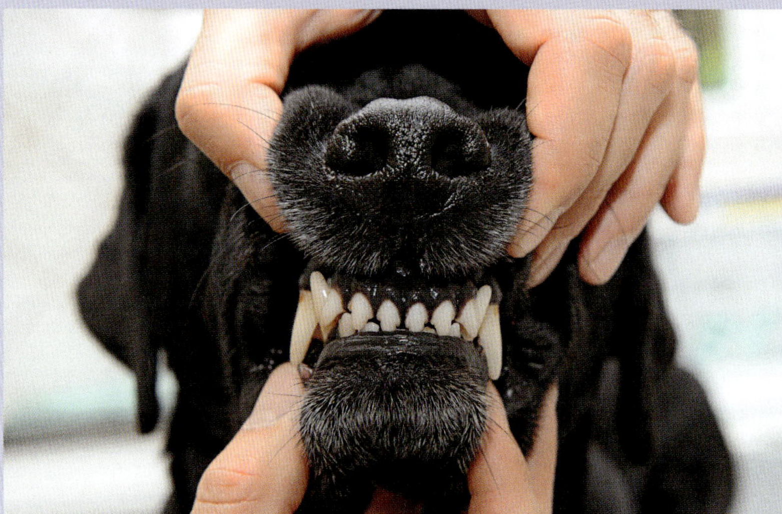

Berührungen am gesamten Körper

- *Berührung und Kontrolle der Ohren, auch innen*
- *Berührung und Kontrolle der Bereiche um die Augen*
- *Öffnen des Mauls und Anheben der Lefzen*
- *Berührungen und Kontrolle der Pfoten und zwischen den Krallen*
- *Auf den Untersuchungstisch heben*

Das Kommando „Seite“

Wenn der Hund bereits im Platz liegt, führen wir langsam ein Leckerchen von der Schnauzenspitze zur Schulter und dann nach oben weg. Um das Leckerchen zu erreichen, wird sich der Hund auf die Seite drehen. In dem Moment, in dem er zum Liegen kommt, wird er belohnt.

Epilog

Beim Verfassen dieses Buches habe ich viele Stunden vor dem Computer gesessen und mit mir gehadert. Welches Thema ist wirklich wichtig und was kann man hintenanstellen?
Wie ausführlich behandle ich die einzelnen Themen. Wann rutsche ich zu sehr ins „Klein – Klein“ und wann bin ich nicht ausführlich genug?
Ich habe lange innere Diskussionen geführt und was Sie in Ihren Händen halten, ist das Ergebnis. Wie schon am Anfang darf ich Sie zu einem Feedback einladen. Und wer weiß schon? Vielleicht gibt es dann einen weiteren Teil.

Liebe Hundehalter, Sie haben es geschafft. Das Buch ist an seinem Ende angekommen. Ich danke Ihnen von Herzen, dass Sie sich für das Thema Erste Hilfe am Hund interessieren.
Wir können oft schon mit Kleinigkeiten dafür sorgen, dass unsere Hunde überhaupt nicht erst in gefährliche Situationen kommen oder dass sie ohne weitere Schäden aus der Situation herauskommen. Sie schützen mit dem Wissen aus diesem Buch nicht nur Ihren eigenen Hund, sondern auch alle anderen Hunde in Ihrer Umgebung. Ich wünsche mir sehr, dass alles nachvollziehbar und verständlich von mir geschrieben wurde.

Liebe Fachleute, auch Sie haben es geschafft. Vor meinem geistigen Auge sehe ich den einen oder anderen von Ihnen mit den Zähnen knirschen. Aber das war auch ein bisschen so gewollt. Ich darf Sie im Speziellen nochmal an den Geist dieses Buches erinnern. Ziel ist es, dem Hundehalter Fachwissen und Methoden zu vermitteln, damit er in bestimmten Situationen eine zielführende Erstversorgung vornehmen kann. Es geht nicht darum, einen schön gepolsterten Verband anzulegen, der längere Zeit angelegt bleiben soll, sondern eine Blutung zu stoppen, bis der Hund in Ihren Händen ist.
Es geht hier um die Realität von Menschen, die sonst kaum oder keinen Bezug zu medizinischen und pflegerischen Tätigkeiten haben. Diese Menschen müssen wir dort abholen, wo sie stehen, nicht dort, wo wir sie gerne hätten.

Ich darf mich mit einem meiner Lieblingszitate von Ihnen verabschieden:

Wer heilt, hat Recht! *(Hippokrates)*

Es grüßt Sie herzlich
Michael Krause

Anhang

Danksagung

In Gedenken an Hr. Schmitz

Ohne meinen Hr. Schmitz hätte es alles, was mit Hunden zu tun hat, in meinem Leben nicht gegeben. Ich vermiss dich, mein Freund.
Ohne TS Pitbull, Stafford und Co. aus Köln wären wie nie zusammengekommen. Die Arbeit dort ist unbedingt unterstützenswert und ich bitte alle darum, an diesen Verein zu spenden.

Dr. med. Robert Mayntz, Assistenzarzt Anästhesie und Intensivmedizin und Notarzt
Danke für dein Engagement, obwohl es deine Zeit eigentlich überhaupt nicht zugelassen hat. Danke, dass du mir immer und immer wieder alles im Detail erklärt hast und dir Zeit genommen hast. Bei dir gab es keine dummen Fragen.
Und denk daran – immer das Desinfektionsmittel im Auge behalten! ☺
Das Herzensprojekt von Dr. Robert Mayntz ist „Rebound – eine zweite Chance für ehemalige Kindersoldaten" von Wolfgang Niedecken.

Nina Winkeldey, Tierärztin in einer Kleintierpraxis
Nina, deine Anmerkungen und Ideen haben bei mir nicht nur einmal einen WOW-Effekt ausgelöst. Ich habe oft gedacht, „wow, das ist so genial". Aber es muss halt auch einem einer erzählen. Danke!
Du hast mich in meiner eigenen Entwicklung nochmal nach vorne gebracht. Es war mir eine Freude und – sollte es eine Fortsetzung geben – wünsche ich mir von Herzen, dass du wieder dabei bist!
Deine Arbeit ist unglaublich wertvoll.

Dr. med. vet. Monika Zimmermann, ehrenamtliche Tierärztin im Tierschutz Tikiri e. V. in Kochchikade/Sri Lanka
Manchmal schaut das Schicksal auf mich, lächelt und tut mir etwas Gutes.
Eine Tierärztin, die mit ihrem Know-how, unter einfachsten Bedingungen Hunde versorgen muss. Die daher aus erster Hand darüber berichten kann, wie es sich darstellt, Medizin zu machen ohne Röntgen, Labor und alle anderen Annehmlichkeiten einer gut ausgestatteten deutschen Kleintierpraxis.
Dass ich von deiner Expertise profitieren konnte, war so toll.
Monika, danke! Nicht nur für die Expertise, sondern auch für die vielen lieben Worte, die du gefunden hast und die mich nochmal wahnsinnig motiviert haben. An dieser Stelle möchte ich auch persönlich um Spenden für den Tikiri e.V. bitten!

Andrea Jumpertz, Tierpsychologin, Hundetrainerin und Inhaberin von Hundeschule und mehr in Köln
Mal wieder warst du das Zünglein an der Waage und hast mit deiner feinen Art meine Trainingsvorschläge überprüft. Du hast diese Art, Dinge genau anzuschauen, ganzheitlich zu betrachten und wenn du dann einen Vorschlag hast, wie man es besser machen kann, fühlt man sich unterstützt und gepuscht. Dabei hast du diesen unglaublichen Erfahrungsschatz und diese überdurchschnittlich große fachliche Expertise. Ich wünsche mir sehr, irgendwann selbst so ein Level erreichen zu können.
Du hast nicht nur das Buch vorangebracht, sondern auch mich. Ich bin dankbar, dass ich meine praktische Ausbildung bei dir machen durfte. Ich war ja schon einige Zeit dabei und trotzdem hast du nicht nur einen guten Trainer, sondern auch einen besseren Menschen aus mir gemacht. Deine Anmerkungen und Gedanken begleiten mich jeden Tag, nicht nur wenn ich mit Hunden arbeite.

Quellenverzeichnis

Hunde Impulse e.V.: Tierpsychologe, Seite 11

https://www.diepta.de/news/lokalanaesthetika

https://kleintierklinik-frank.de/wp-content/uploads/anaesthesie-leitlinien.pdf Seite 2

https://www.ing.de/wissen/checkliste-geburt/

https://praxistipps.focus.de/kaiserschnitt-beim-hund-mit-diesen-kosten-muessen-sie-rechnen_129808

https://sat.gstsvs.ch/fileadmin/datapool_upload/IgJournal/Artikel/pdf/SAT_12_2020_Hoehne_1_01.pdf

https://www.aerzteblatt.de/archiv/134916/Beurteilung-der-Prognose-nach-kardiopulmonaler-Reanimation-und-therapeutischer-Hypothermie

https://www.radioarabella.de/reanimation-diese-songs-koennen-leben-retten-1086631/

https://rhede-tierarzt.de/wp-content/uploads/2021/04/0421-PAN_M%C3%B6llenbeck_Lebensrettende_Blutspende.pdf

https://econtent.hogrefe.com/doi/10.1026/1616-3443.37.2.95

file:///C:/Users/User/Downloads/Sedalin_Gel.pdf

https://www.vetpharm.uzh.ch/clinitox/toxdb/klt_063.htm

https://kynologisch.net/sommer-pfoten-asphalt/

https://www.tag24.de/nachrichten/hitzewelle-asphalt-hund-heiss-verbrennung-pfote-tier-hilfe-ratgeber-1144082

https://trans.info/de/so-schuetzen-sie-sich-mit-den-tipps-von-adac-truckservice-vor-reifenschaeden-im-sommer-97950

https://www.usz.ch/krankheit/verbrennungen-verbruehungen/

https://www.rki.de/SharedDocs/FAQ/FSME/Zecken/Zecken.html

https://www.uni-giessen.de/de/fbz/fb10/institute_klinikum/klinikum/kleintierklinik/Info/downloads%20info/durchfall

https://hundundhaustier.de/gesundheit/giftige-hauspflanzen-fuer-hunde/#:~:text=Diese typischen Hauspflanzen sind giftig für Hunde 1,(„Elefantenohr“) 8 8. Dracaena Fragrans („Drachenbaum“) Weitere Elemente

https://www.vetpharm.uzh.ch/Wirkstoffe/000000000006/1007_07.html

https://flexikon.doccheck.com/de/Anaphylaxie

https://www.aerztezeitung.de/Medizin/Wenn-eine-Knopfzelle-verschluckt-wird-252706.html

Steiger, Susanne C.: Erste Hilfe am Hund. Müller Rüschlikon, 2021.

Zum Weiterlesen

Fallscheer, Ute: **Der Weg zum guten Hundeführer.** Oertel+Spörer, Reutlingen 2018.

Gelhaus, Nadine: **Futterfibel. Hunde gesund ernähren.** Oertel+Spörer, Reutlingen 2013.

Göbel, Michaela: **Taube Hunde. Umgang – Erziehung – Ausbildung.** 2. Auflage Oertel+Spörer, Reutlingen 2021.

Hartmann, Michael: **Patient Hund.** 3. Auflage, Oertel+Spörer, Reutlingen 2021.

Horst, Harmke: **Personenspürhunde im Einsatz und Training.** Oertel+Spörer, Reutlingen 2022.

Howald, Erika: **Wenn Hunde das Sagen hätten ... würden sie Menschen anleinen.** Oertel+Spörer, Reutlingen 2017.

Jadatz, Klaus: **Der moderne Gebrauchshund. Zeitgemäße Ausbildung für Schutzdienst, Fährte, Unterordnung.** 5. Auflage, Oertel+Spörer, Reutlingen 2023.

Jansen, Karin: **Rassespezifisches Territorialverhalten bei Hunden – Richtiges Verständnis und Erziehung.** 2. Auflage, Oertel+Spörer, Reutlingen 2018.

Jansen, Karin: **Rassespezifisches Jagdverhalten bei Hunden – Verständnis, Beschäftigung, Jagdkontrolle.** Oertel+Spörer, Reutlingen 2014.

Kolbe, Katrin und Lehari, Gabriele: **Nasenarbeit.** Oertel+Spörer, Reutlingen 2013.

Kolbe, Katrin: **Wie Hunde lernen.** Oertel+Spörer, Reutlingen 2016.

Koller, Raphaela: **BARF-Rezepte.** 4. Auflage, Oertel+Spörer, Reutlingen 2015.

Küng, Silvia: **Sozialpartner Hund.** Oertel+Spörer, Reutlingen 2016.

Lehne, Anke: **Zeitgemäße Jagdhundeführung.** 2. Auflage, Oertel+Spörer, Reutlingen 2014.

Müller, Anja Carmen und Lehari, Gabriele: **Der Therapiehund.** Oertel+Spörer, Reutlingen 2023.

Nehmet, Manuela: **Beschwichtigen, Drohen oder nur Spielen? Die Signale des Hundes richtig deuten.** Oertel+Spörer, Reutlingen 2017.

Nehmet, Manuela: **Shapen. Positive Verstärkung in der Hundeerziehung mit Markersignalen.** Oertel+Spörer, Reutlingen 2018.

Pawletko, Petra: **Heilpflanzen für Tiere.** 2. Auflage, Oertel+Spörer, Reutlingen 2017.

Prekop, Yvonne: **Waldbaden mit Hund.** 2. Auflage, Oertel+Spörer, Reutlingen 2023.

Reichenbach, Uta: **Wie Hunde kommunizieren.** Oertel+Spörer, Reutlingen 2011.

Röthig, Doris: **Rettungshundeausbildung zur Flächensuche.** 2. Auflage Oertel+Spörer, Reutlingen 2016.

Ruhsam, Kerstin: **Aromatherapie für Hunde.** 3. Auflage, Oertel+Spörer, Reutlingen 2022.

Schilling, Ines: **Fahrradfahren mit Hund.** Oertel+Spörer, Reutlingen 2021.

Viehweger, Marjam: **Ernährungsberater für Hunde.** Oertel+Spörer, Reutlingen 2020.

Werner, Tina: **Wellness für Hunde. Massage und Physiotherapie für jeden Tag.** 2. Auflage, Oertel+Spörer, Reutlingen 2016.